Hans Karl Abele, Reiner Böttcher,
Wilhelm Mann, Benno Mohry,
Siegfried Schneider, Edmund Wallis

Besser in Mathe

8. Klasse

Cornelsen
Power Learning

Diese Lernhilfe gibt es auch mit CD-ROM:
Cornelsen Power Learning Mathematik 8. Klasse
(ISBN 3-589-21518-6)

Cornelsen online http://www.cornelsen.de

Gedruckt auf chlorfrei gebleichtem Papier
ohne Dioxinbelastung der Gewässer.

Bibliografische Information
Die Deutsche Bibliothek verzeichnet diese Publikation in der Deutschen Nationalbibliografie; detaillierte bibliografische Daten sind im Internet über **http://dnb.ddb.de** abrufbar.

Dieses Werk berücksichtigt die Regeln der reformierten Rechtschreibung und Zeichensetzung.

6.	5.	4.	3.	2.	Die letzten Ziffern bezeichnen
08	07	06	05	04	Zahl und Jahr der Auflage.

Redaktion: Stefan Giertzsch, Berlin, und Hans Karl Abele, München
Gesamtgestaltung: Dagmar & Torsten Lemme, Berlin
Umschlagentwurf: Bauer + Möhring, Berlin
Illustrationen: Roland Beier, Berlin
Sachzeichnungen: Stefan Giertzsch, Berlin
Repro: City Repro, Berlin
Druck und Bindung: Tesinska Tiskarna, Cesky Tesin
Printed in the Czech Republic
ISBN 3-589-21826-6
Bestellnummer 218266

Hans Karl Abele, Reiner Böttcher, Wilhelm Mann,
Benno Mohry, Siegfried Schneider, Edmund Wallis

Besser in Mathe

8. Klasse • Lösungsheft

Cornelsen
Power Learning

KAPITEL 1

1. Definitionsmenge eines Bruchterms

Übung 1

a) $\frac{3a+2}{3a-14}$

$\mathbb{D} = \left\{a \in \mathbb{Q} \mid a \neq \frac{14}{3}\right\}$ oder $\mathbb{D} = \mathbb{Q} \setminus \left\{\frac{14}{3}\right\}$

$3a - 14 = 0 \quad |+14$

$3a = 14 \quad |:3$

$a = \frac{14}{3}$

b) $\frac{6x}{3x^2 - 8x}$

$\mathbb{D} = \mathbb{Q} \setminus \left\{0; \frac{8}{3}\right\}$

$3x^2 - 8x = x(3x-8) = 0 \Leftrightarrow x = 0$ oder $x = \frac{8}{3}$

Übung 2

$\frac{9}{p^2 + 12p + 36}$

$\mathbb{D} = \mathbb{Q} \setminus \{-6\}$

$p^2 + 12p + 36 = (p+6)^2 = 0 \Leftrightarrow p = -6$

Übung 3

a) $\frac{3}{7x}$; $\mathbb{D} = \mathbb{Q} \setminus \{0\}$ oder $\mathbb{D} = \{x \in \mathbb{Q} \mid x \neq 0\}$

b) $\frac{d}{d-11}$; $\mathbb{D} = \mathbb{Q} \setminus \{11\}$ oder $\mathbb{D} = \{d \in \mathbb{Q} \mid d \neq 11\}$

c) $\frac{3y-5}{8y+24}$; $\mathbb{D} = \mathbb{Q} \setminus \{-3\}$ oder $\mathbb{D} = \{y \in \mathbb{Q} \mid y \neq -3\}$

d) $\frac{2z-3}{(5z-7)(3z+5)}$; $\mathbb{D} = \mathbb{Q} \setminus \left\{\frac{7}{5}; -\frac{5}{3}\right\}$

e) $\frac{13u+5}{8u^2-12u}$; $\mathbb{D} = \mathbb{Q} \setminus \left\{0; \frac{3}{2}\right\}$

NR: $8u^2 - 12u = u(8u-12)$

f) $\frac{1}{121x^2 - 49}$; $\mathbb{D} = \left\{x \in \mathbb{Q} \mid x \neq \frac{7}{11}\right\}$

g) $\frac{2a+1}{4a^2 - 20a + 25}$; $\mathbb{D} = \mathbb{Q} \setminus \left\{\frac{5}{2}\right\}$

h) $\frac{2r}{r^2 - 5r - 24}$; $\mathbb{D} = \mathbb{Q} \setminus \{8; -3\}$

NR: $r^2 - 5r - 24 = (r-8)(r+3)$

2. Kürzen von Bruchtermen

Übung 1

$\frac{28tu^2w^4}{12u^3w^2} = \frac{28t \cdot u \cdot u \cdot w \cdot w \cdot w \cdot w}{12 \cdot u \cdot u \cdot u \cdot w \cdot w}$

$= \frac{28t \cdot w \cdot w}{12 \cdot u} = \frac{7tw^2}{3u}$

Übung 2

$\frac{3u-15}{8u-40} = \frac{3(u-5)}{8(u-5)} = \frac{3}{8}$

Übung 3

$\frac{r^2 + 10r + 25}{2r^2 - 50} = \frac{(r+5)^2}{2(r+5)(r-5)} = \frac{r+5}{2(r-5)}$

Übung 4

a) $\frac{5ab}{bc} = \frac{5a}{c}$ b) $\frac{72x}{21y} = \frac{24x}{7y}$

c) $\frac{98e^2f^6}{49e^6f^2} = \frac{2f^4}{e^4}$

d) $\frac{32u^3 - 18u}{6u} = \frac{2u(16u^2-9)}{6u} = \frac{16u^2-9}{3}$

e) $\frac{8(3x-4)}{6(3x-4)} = \frac{4}{3}$

f) $\frac{24s+36t}{18s-18t} = \frac{12(2s+3t)}{18(s-t)} = \frac{2(2s+3t)}{3(s-t)}$

g) $\frac{6a^2-15a}{4a^2-25} = \frac{3a(2a-5)}{(2a-5)(2a+5)} = \frac{3a}{2a+5}$

h) $\frac{x^2-16}{x^2-8x+16} = \frac{(x-4)^1(x+4)}{(x-4)^{2\,1}} = \frac{x+4}{x-4}$

3. Erweitern von Bruchtermen auf den Hauptnenner

Übung 1

Term 1: $\frac{8}{3u^2v^3}$ Term 2: $\frac{v^2}{2u^3}$

kgV (2; 3) = 6; u kommt als Faktor in den Nennern höchstens 3-mal vor. Der HN ist also $6u^3v^3$.

$= \frac{8 \cdot 2u}{3u^2v^3 \cdot 2u}$ $= \frac{v^2 \cdot 3v^3}{2u^3 \cdot 3v^3}$

$= \frac{16u}{6u^3v^3}$ $= \frac{3v^5}{6u^3v^3}$

Übung 2

Term 1: $3 = \frac{3}{1}$ Term 2: $\frac{s}{9t-8s}$

$= \frac{3(9t-8s)}{9t-8s}$

Übung 3

Term 1: $\frac{2}{t(2s+4)}$ Term 2: $\frac{s}{s(2s+4)^2}$

→ HN $= st(2s+4)^2$

$= \frac{2s(2s+4)}{st(2s+4)^2}$ $= \frac{st}{st(2s+4)^2}$

Übung 4

Term 1: $\frac{t-1}{3s^3-12s^2}$ Term 2: $\frac{5}{s^2t-4st}$

$= \frac{t-1}{3s^2(s-4)}$ $= \frac{5}{st(s-4)}$

$= \frac{t(t-1)}{3s^2t(s-4)}$ $= \frac{15s}{3s^2t\,(s-4)}$

Übung 5

Term 1: $\frac{2}{v^2-36}$ Term 2: $\frac{v+8}{v^2-12v+36}$

$= \frac{2}{(v-6)\,(v+6)}$ $= \frac{v+8}{(v-6)^2}$

$= \frac{2(v-6)}{(v-6)^2\,(v+6)}$ $= \frac{(v+8)\,(v+6)}{(v-6)^2(v+6)}$

Übung 6

a) Term 1: $\frac{a}{5b} = \frac{7a^2}{35ab}$ Term 2: $\frac{b}{7a} = \frac{5b^2}{35ab}$

b) Term 1: $\frac{p}{42} \cdot = \frac{4p^2}{168p}$ Term 2: $\frac{3}{56p} = \frac{9}{168p}$

c) Term 1: $\frac{3}{16x^5} = \frac{9y}{48x^5y}$ Term 2: $\frac{7}{24x^2y} = \frac{14x^3}{48x^5y}$

d) Term 1: $\frac{u}{u-5}$ Term 2: $\frac{3-u}{u}$

$= \frac{u^2}{u(u-5)}$ $= \frac{(3-u)\,(u-5)}{u(u-5)}$

e) Term 1: $n = \frac{n\,(n+6)}{n+6}$ Term 2: $\frac{2}{n+6}$

f) Term 1: $\frac{a+1}{4a^3}$ Term 2: $\frac{5}{6a^2-6a} = \frac{5}{6a(a-1)}$

$= \frac{3(a+1)(a-1)}{12a^3(a-1)}$ $= \frac{10a^2}{12a^3(a-1)}$

g) Term 1: $\frac{25}{r^3-6r^2s}$ Term 2: $\frac{r+s}{5rs-30s^2}$

$= \frac{25}{r^2(r-6s)}$ $= \frac{r+s}{5s(r-6s)}$

$= \frac{125\,s}{5r^2s(r-6s)}$ $= \frac{r^2(r+s)}{5r^2s(r-6s)}$

h) Term 1: $\frac{x-y}{4x^2-9y^2}$ Term 2: $\frac{2}{14xy-21y^2}$

$= \frac{x-y}{(2x-3y)\,(2x+3y)}$ $= \frac{2}{7y(2x-3y)}$

$= \frac{7y(x-y)}{7y(2x-3y)\,(2x+3y)}$ $= \frac{2(2x+3y)}{7y(2x-3y)(2x+3y)}$

4. Addition und Subtraktion von Bruchtermen

Übung 1

$\frac{1}{12x} + \frac{1}{8y} = \frac{2y}{24xy} + \frac{3x}{24xy} = \frac{2y+3x}{24xy}$

Übung 2

$\frac{2s}{s-t} - \frac{s-t}{s+t} = \frac{2s(s+t)}{(s-t)(s+t)} - \frac{(s-t)^2}{(s-t)(s+t)}$

$= \frac{2s^2+2st-(s^2-2st+t^2)}{(s-t)(s+t)}$

$= \frac{2s^2+2st-s^2+2st-t^2}{(s-t)(s+t)}$

$= \frac{s^2+4st-t^2}{(s-t)(s+t)}$

Übung 3

$\frac{8b-7}{6b+12} - \frac{2b+5}{10b+20} = \frac{8b-7}{6(b+2)} - \frac{2b+5}{10(b+2)}$

$= \frac{5(8b-7)}{30(b+2)} - \frac{3(2b+5)}{30(b+2)}$

$$= \frac{40b - 35 - (6b + 15)}{30(b+2)}$$

$$= \frac{34b - 50}{30(b+2)} = \frac{17b - 25}{15(b+2)}$$

Übung 4

a) $\frac{3u}{5u-2} + \frac{6u}{5u-2} = \frac{9u}{5u-2}$

b) $\frac{5c}{3c-4d} - \frac{d-2c}{3c-4d} = \frac{7c-d}{3c-4d}$

c) $\frac{7}{3x^2y} + 2 = \frac{7+6x^2y}{3x^2y}$

d) $\frac{3+z}{24z^2} - \frac{5}{36z} = \frac{9-7z}{72z^2}$

e) $\frac{x}{y} + \frac{1-x}{y+1} = \frac{x(y+1)}{y(y+1)} + \frac{(1-x)y}{(y+1)y} = \frac{xy+x+y-xy}{y(y+1)}$

$= \frac{x+y}{y(y+1)}$

f) $\frac{1}{4} - \frac{p}{4p+7} = \frac{(4p+7)-4p}{4(4p+7)} = \frac{7}{4(4p+7)}$

g) $\frac{1}{a} - \frac{1}{b} + \frac{1}{c} = \frac{bc-ac+ab}{abc}$

h) $\frac{a}{11a-22b} + \frac{a-b}{6a-12b} = \frac{17a-11b}{66(a-2b)}$

i) $\frac{s}{s^2-9} - \frac{s-5}{s^2-3s} = \frac{2s+15}{s(s-3)(s+3)}$

j) $\frac{4x+5}{16x^2-25} + \frac{4x-5}{16x^2+40x+25} = \frac{32x^2+50}{(4x-5)(4x+5)^2}$

5. Bruchgleichungen

Übung 1

$$8 = \frac{2x-2}{x+5}$$

$$\frac{8(x+5)}{x+5} = \frac{2x-2}{x+5} \quad |\cdot \text{HN}; x \neq -5$$

$$8x + 40 = 2x - 2$$

$$x = -7$$

Probe: $\text{lT} = 8$

$\text{rT} = 8 \rightarrow L = \{-7\}$

Übung 2

$$\frac{5x}{5x+2} = \frac{x-1}{x+1}$$

$$\frac{5x(x+1)}{(5x+2)(x+1)} = \frac{(x-1)(5x+2)}{(5x+2)(x+1)} \; |\cdot \text{HN}; x \neq -\frac{2}{5}; x \neq -1$$

$$x = -\frac{1}{4} \rightarrow L = \left\{-\frac{1}{4}\right\}$$

Übung 3

$$\frac{2}{r^2-10r+25} + \frac{3}{r^2-25} = \frac{5}{r^2+10r+25}$$

$$\frac{2}{(r-5)^2} + \frac{3}{(r-5)(r+5)} = \frac{5}{(r+5)^2}$$

$$\frac{2(r+5)^2}{(r-5)^2(r+5)^2} + \frac{3(r+5)(r-5)}{(r-5)^2(r+5)^2} = \frac{5(r-5)^2}{(r-5)^2(r+5)^2}$$

$|\cdot \text{HN}; r \neq \pm 5$

$$2(r^2+10r+25) + 3(r^2-25) = 5(r^2-10r+25)$$

$$r = \frac{15}{7} \rightarrow L = \left\{\frac{15}{7}\right\}$$

Übung 4

a) $\frac{1}{x} + \frac{2}{5} = \frac{1}{2x}$ $\rightarrow L = \left\{-\frac{5}{4}\right\}$

b) $\frac{x-2}{x-4} = 3$ $\rightarrow L = \{5\}$

c) $\frac{3}{2z} = \frac{3}{z+3}$ $\rightarrow L = \{3\}$

d) $\frac{1}{a+6} - \frac{5}{3-a} = 0$ $\rightarrow L = \left\{-\frac{9}{2}\right\}$

e) $\frac{2}{3x^2+4x} = \frac{1}{2x^2}$ $\rightarrow L = \{4\}$

f) $\frac{s+3}{s-3} - \frac{s-3}{s+3} = \frac{4}{s^2-9}$ $\rightarrow L = \left\{\frac{1}{3}\right\}$

g) $\frac{22}{121-y^2} + \frac{y}{11y+y^2} = \frac{1}{y}$ $\rightarrow L = \left\{\frac{11}{3}\right\}$

h) $\frac{u+1}{u^2-4} = \frac{u-4}{u^2-5u+6}$ $\rightarrow L = \{\ \}$, da $2 \notin \mathbb{D}$

6. Bruchungleichungen

Übung 1

$L_2 = \{x \in \mathbb{Q} \mid x < 5\}$

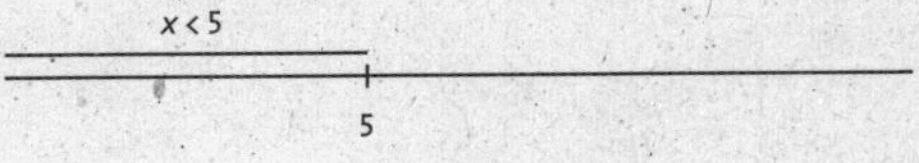

Übung 2

$$\frac{3}{x-1} < 5$$

$$\frac{3}{x-1} < \frac{5(x-1)}{x-1} \; |\cdot \text{HN}$$

Vorbedingung:

Fall 1: HN > 0

$x > 1$

Rechnung: $\frac{8}{5} < x$

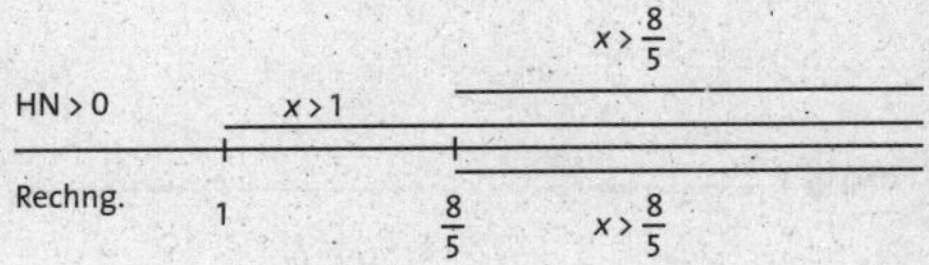

$L_1 = \left\{x \in \mathbb{Q} \mid x > \frac{8}{5}\right\}$

Fall 2: HN < 0

$x < 1$

Rechnung: $\frac{8}{5} > x$

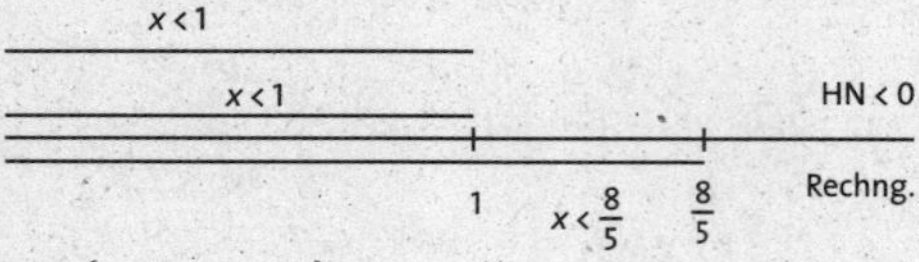

$L_2 = \left\{x \in \mathbb{Q} \mid x < 1\right\}$

$\rightarrow L = \left\{x \in \mathbb{Q} \mid x > \frac{8}{5} \text{ oder } x < 1\right\}$

Übung 3

a) $\frac{8}{3x} < 4$

Fall 1: $x > 0$ und $x > \frac{2}{3}$ $\quad \rightarrow x > \frac{2}{3}$

Fall 2: $x < 0$ und $x < \frac{2}{3}$ $\quad \rightarrow x < 0$

$\rightarrow L = \left\{x \in \mathbb{Q} \mid x < 0 \text{ oder } x > \frac{2}{3}\right\}$

b) $\frac{3x+1}{2x-12} \leqq \frac{x-2}{3x-18}$

Fall 1: $x > 6$ und $x \leqq -1$ $\quad$ geht nicht

Fall 2: $x < 6$ und $x \geqq -1$ $\quad \rightarrow -1 \leqq x < 6$

$\rightarrow L = \{x \in \mathbb{Q} \mid -1 \leqq x < 6\}$

c) $\frac{6-x}{5x-6} > -\frac{2x}{25x-30}$

Fall 1: $x > \frac{6}{5}$ und $x < 10$ $\quad \rightarrow \frac{6}{5} < x < 10$

Fall 2: $x < \frac{6}{5}$ und $x > 10$ $\quad$ geht nicht

$\rightarrow L = \left\{x \in \mathbb{Q} \mid \frac{6}{5} < x < 10\right\}$

d) $\frac{p-2}{12p+20} - \frac{2p-1}{27p+45} \geqq \frac{1}{18}$

Fall 1: $p > -\frac{5}{3}$ und $p \leqq -\frac{24}{5}$ $\quad \rightarrow -\frac{5}{3} < p \leqq -\frac{24}{5}$

Fall 2: $p < -\frac{5}{3}$ und $p \geqq -\frac{24}{5}$ $\quad$ geht nicht

$\rightarrow L = \left\{p \in \mathbb{Q} \mid -\frac{24}{5} \leqq p < \frac{5}{3}\right\}$

7. Das Auflösen von Formeln

Übung 1

$$R = \frac{U}{I} \quad | \cdot I$$
$$R \cdot I = U \quad | : R$$
$$I = \frac{U}{R}$$

Übung 2

$$\frac{1}{R} = \frac{1}{R_1} + \frac{1}{R_2} \quad | \cdot R R_1 R_2$$
$$R_1 R_2 = R R_2 + R R_1 \quad | - R R_1$$
$$R_1 R_2 - R R_1 = R R_2$$
$$R_1 (R_2 - R) = R R_2 \quad | : (R_2 - R)$$
$$R_1 = \frac{R R_2}{R_2 - R}$$

Übung 3

a) $g = \frac{2A}{h}$; $h = \frac{2A}{g}$

b) $h = \frac{2A}{a+c}$; $a = \frac{2A}{h} - c$; $c = \frac{2A}{h} - a$

c) $r = \frac{u}{2\pi}$; π ist keine Variable ($\pi \approx 3{,}14$).

d) $F = p \cdot A$; $A = \frac{F}{p}$

e) $x_1 = x_2 - \frac{y_2 - y_1}{m}$; $x_2 = x_1 + \frac{y_2 - y_1}{m}$

$y_1 = y_2 + mx_1 - mx_2$; $y_2 = y_1 + mx_2 - mx_1$

f) $f = \frac{b \cdot g}{b+g}$; $b = \frac{f \cdot g}{g-f}$; $g = \frac{f \cdot b}{b-f}$

KAPITEL 2

1. Zuordnungen - Funktionen

Übung 1

a) Fahrstrecke des Taxis:	Preis	oder Zeit, Kraftstoffverbrauch
b) Radius eines Kreises:	Umfang	Fläche
c) Luftdruck des Fahrradschlauches:	Temperatur	
d) Seitenlänge eines Quadrates:	Umfang	Diagonale, Fläche

Übung 2

a) (1;2); (2;4); (3;6); (4;8); (5;10); (6;12)

b)

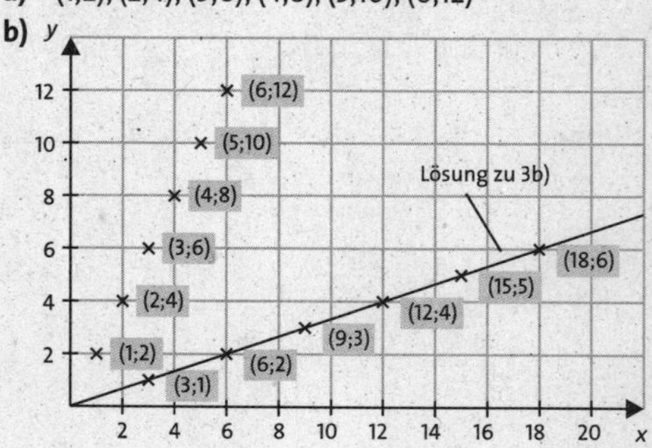

Übung 3

a)

x	3	6	9	12	15	18
y	1	2	3	4	5	6

b); **c)** Vergleiche Diagramm von Übung 2b.

Übung 4

a)

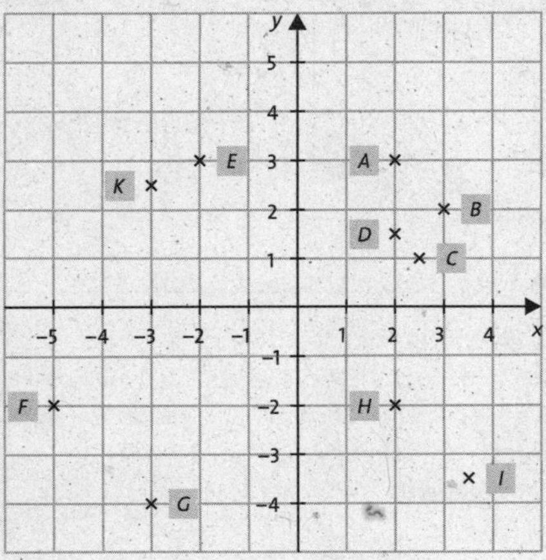

b)

$D\,(-4;\,2)$; $G\,(3;\,-3)$; $H\,(-5;\,-3)$; $S\,(0;\,3)$
$R\,(-2;\,7)$; $Z\,(4;\,7)$; $L\,(-3;\,5)$; $M\,(4;\,-5)$
$N\,(-6;\,-5)$; $A\,(0;\,-6)$; $E\,(-2;\,-4)$; $F\,(-3;\,0)$; $B\,(5;\,0)$

Übung 5

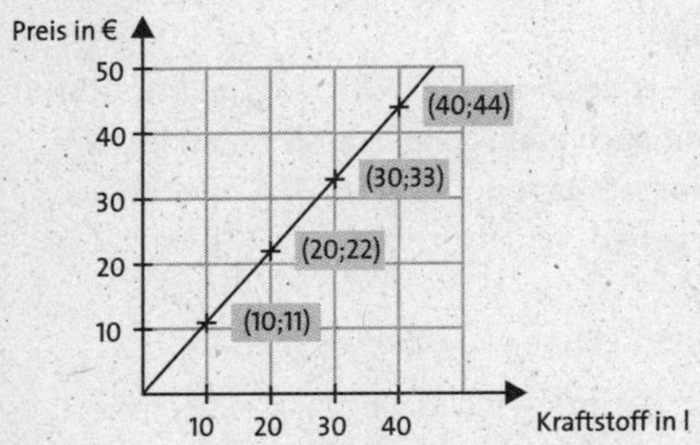

2. Direkte Proportionalität

Übung 1

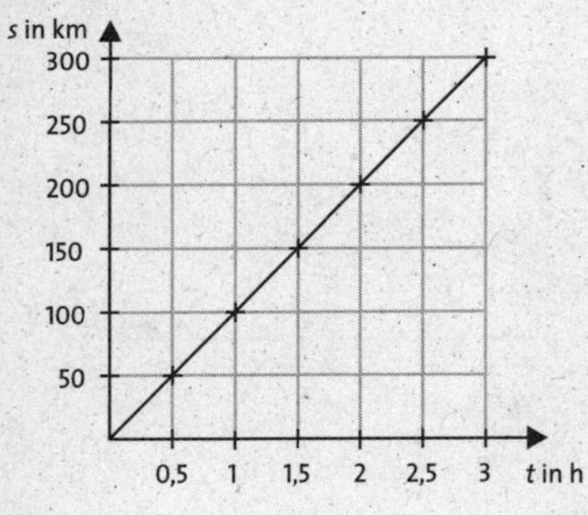

Übung 2

a)

Folge der Zahlen	x	0,5	1	2,5	3	3,5
Folge der Zahlen	y	1	2	5	6	7
	$\frac{y}{x}$	2	2	2	2	2

2. Schritt: Alle Quotienten sind gleich.
3. Schritt: $m = 2$
4. Schritt: $y = 2 \cdot x$

b)

Folge der Zahlen	x	– 2	3	7	12	15
Folge der Zahlen	y	– 1,5	2,25	5,25	9	11,25
	$\frac{y}{x}$	0,75	0,75	0,75	0,75	0,75

2. Schritt: Alle Quotienten sind gleich.
3. Schritt: $m = 0{,}75$ oder: $m = \frac{3}{4}$
4. Schritt: $y = 0{,}75 \cdot x$

c)

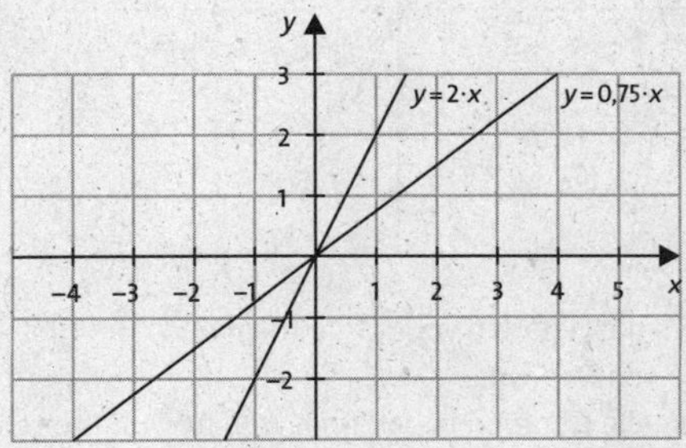

Übung 3

a)

x	– 3	– 2	– 1	0	1	2	3	4
y	– 4,5	– 3	– 1,5	0	1,5	3	4,5	6

x	– 6	– 4	– 2	0	2	4	6
y	– 3	– 2	– 1	0	1	2	3

x	– 6	– 3	0	3	6
y	– 4	– 2	0	2	4

x	– 4	– 3	– 2	0	1	2	3
y	– 4	– 3	– 2	0	1	2	3

b)

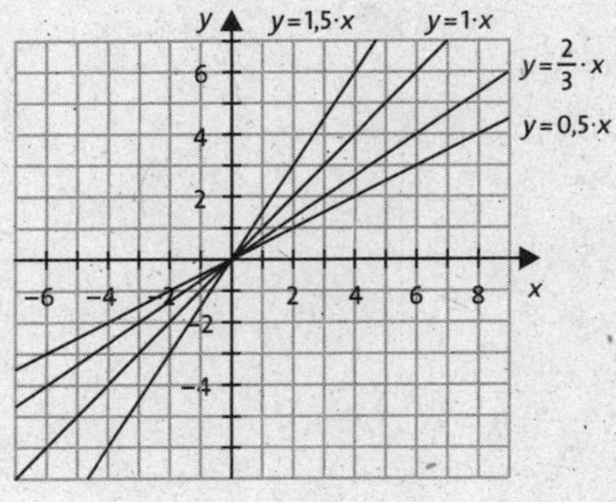

Übung 4

a)	x	−2	−1,5	−0,5	+0,5	1,5	2
	y	+4	+3	+1	−1	−3	−4
b)	x	−8	−6	−4	0	2	4
	y	+4	+3	+2	0	−1	−2
c)	x	−7	−5	−3	0	1	2
	y	+7	+5	+3	0	−1	−2
d)	x	−6	−4	−2	0	2	4
	y	+9	+6	+3	0	−3	−6

Grafische Darstellung zu den Gleichungen von Übung 4:

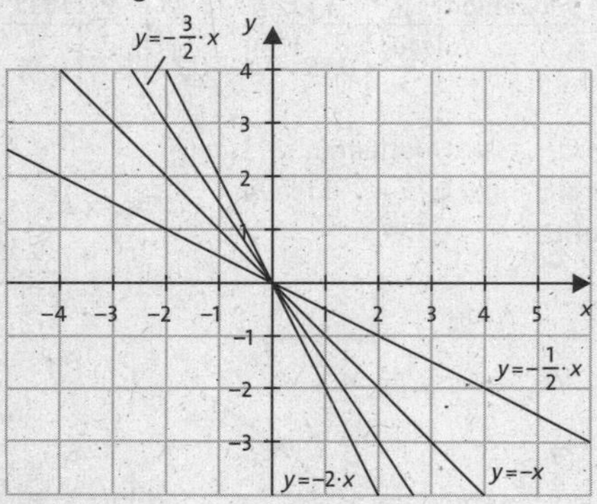

1. Alle Geraden verlaufen durch den Koordinatenursprung.
2. Alle Geraden liegen im II. und IV. Quadranten.
3. Alle Geraden fallen vom II. in den IV. Qadranten.
4. Alle Geraden verlaufen unterschiedlich steil.
5. Die Gerade zur Funktion $y = -x$ halbiert den II. und IV. Quadranten.

Übung 5

a) $P_1\,(0;0)$; z.B. $P_2\,(2;-3)$
b) $P_1\,(0;0)$; z.B. $P_2\,(4;1)$

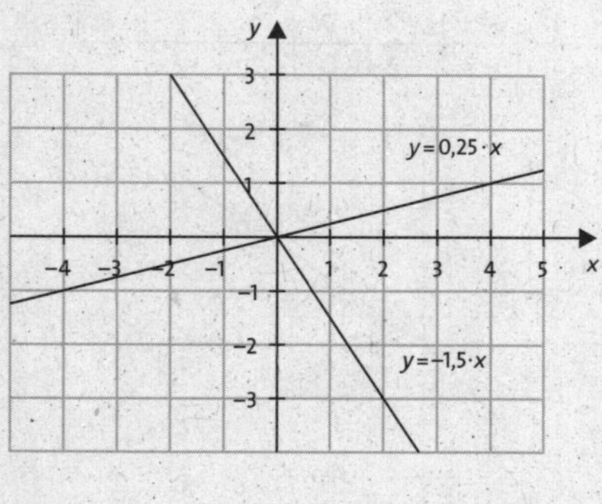

Übung 6

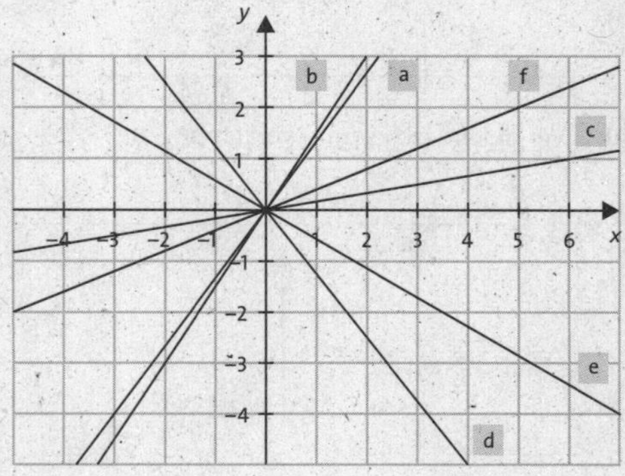

Übung 7

a) $P_1\,(0;0)$; $m=\frac{3}{7}$
Der Zähler des Anstiegsfaktors sagt mir, ich muss 3 Einheiten nach oben gehen. Der Nenner des Anstiegsfaktors sagt mir, ich muss 7 Einheiten nach rechts gehen.
$P_2\,(7;3)$

b) $P_1\,(0;0)$; $m=\frac{4}{3}$
Der Zähler des Anstiegsfaktors sagt mir, ich muss 4 Einheiten nach oben gehen. Der Nenner des Anstiegsfaktors sagt mir, ich muss 3 Einheiten nach rechts gehen.
$P_2\,(3;4)$

c) $P_1\,(0;0)$; $m=\frac{1}{3}$
Der Zähler des Anstiegsfaktors sagt mir, ich muss 1 Einheit nach oben gehen. Der Nenner des Anstiegsfaktors sagt mir, ich muss 3 Einheiten nach rechts gehen.
$P_2\,(3;1)$
Graphen zu diesen Funktionen:

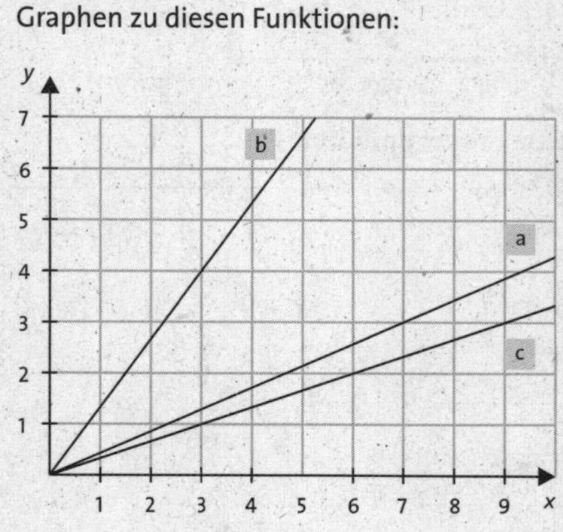

Übung 8

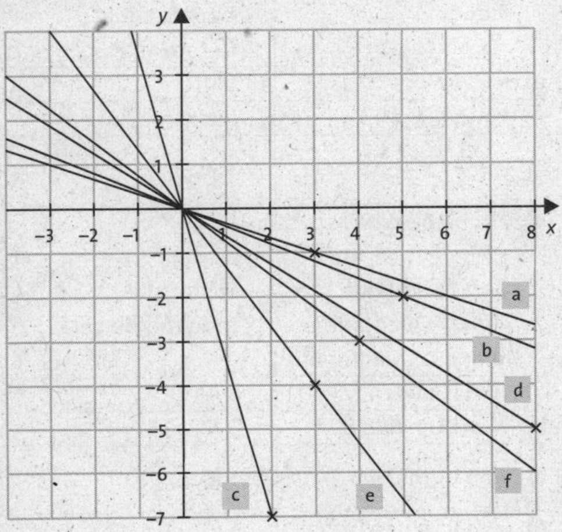

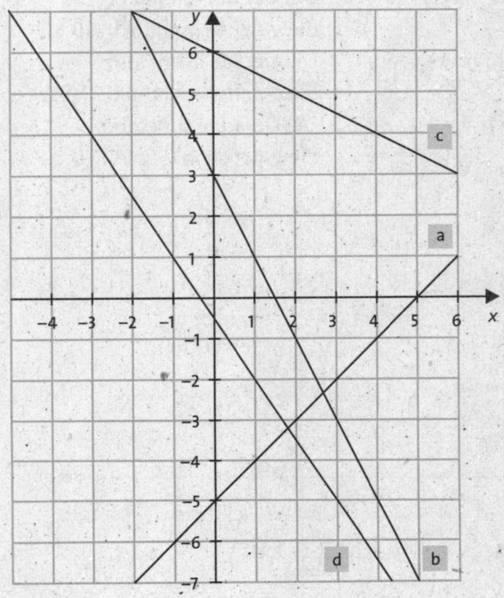

3. Die allgemeine lineare Funktion

Übung 1

$x = 6 \rightarrow y = 1{,}25 \cdot 6 + 2{,}40 = 9{,}90$

$x = 8 \rightarrow y = 1{,}25 \cdot 8 + 2{,}40 = 12{,}40$

$x = 11 \rightarrow y = 1{,}25 \cdot 11 + 2{,}40 = 16{,}15$

$x = 2 \rightarrow y = 1{,}25 \cdot 2 + 2{,}40 = 4{,}90$

Übung 2

a) $m = 1; n = -5$

x	−4	−3	−2	−1	0	1	2
y	−9	−8	−7	−6	−5	−4	−3

b) $m = -2; n = +3$

x	−2	−1	0	1	2	3
y	+7	+5	+3	+1	−1	−3

c) $m = -0{,}5; n = +6$

x	−6	−4	−2	0	2	4
y	+9	+8	+7	+6	+5	+4

d) $m = -\frac{3}{2}; n = -\frac{1}{2}$

x	−4	−2	−1	0	1	2	4
y	+5,5	+2,5	+1	−0,5	−2	−3,5	−6,5

Übung 3

$y = 2 \cdot x + 1$

x	−3	−2	−1	0	1	2
y	−5	−3	−1	1	3	5

$y = 2 \cdot x - 2$

x	−1	0	1	1,5	2	3
y	−4	−2	0	1	2	4

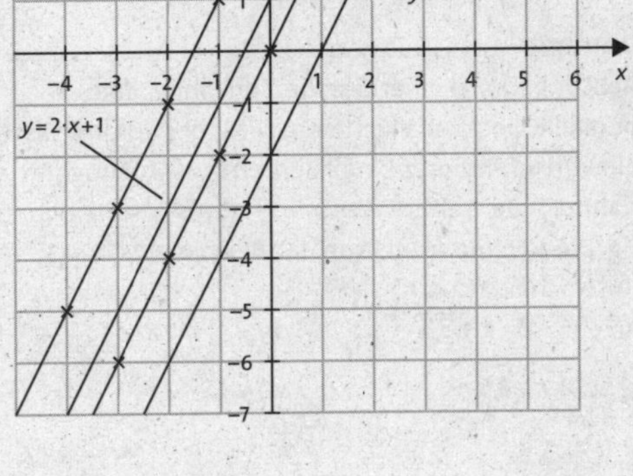

Übung 4

a) $y = -4 \cdot x + 5$ Die Gerade schneidet die y-Achse im Punkt $S\,(0;5)$.

b) $y = -4 \cdot x + 2$ Die Gerade schneidet die y-Achse im Punkt $D\,(0;2)$.

c) $y = -4 \cdot x + 0{,}5$ Die Gerade schneidet die y-Achse im Punkt $F\,(0;0{,}5)$.

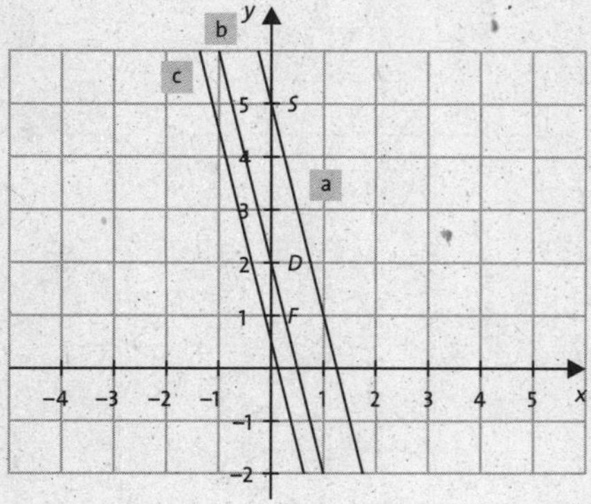

Übung 5

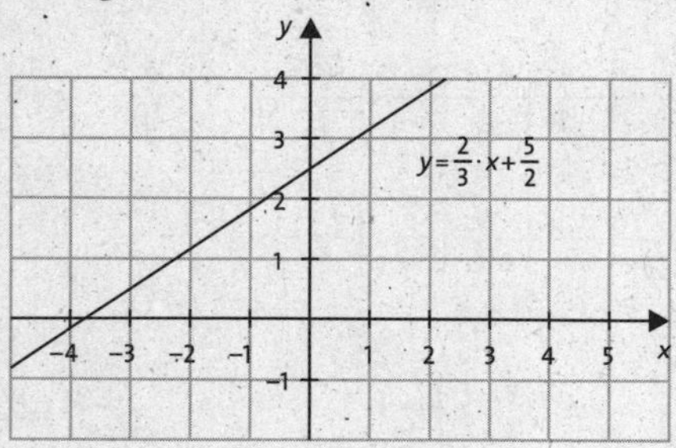

Übung 6

a) $S\,(0;2{,}6)$ **b)** $A\,(0;-\frac{3}{5})$ **c)** $D\,(0;\frac{1}{4})$ **d)** $M\,(0;-0{,}8)$

Übung 7

Achtung: Da zu einer Geraden unzählig viele parallele Geraden existieren, wird hier nur jeweils ein Vertreter dieser Parallelenschar als Lösung genannt. Jede weitere Gleichung ist als Lösung richtig, die sich nur in „n" von der Beispielgleichung unterscheidet.

a) $y = -3 \cdot x + 3{,}5$ **b)** $y = \frac{3}{2} \cdot x + 2$

c) $y = x - 1{,}5$ **d)** $y = -0{,}9 \cdot x + \frac{3}{2}$

Übung 8

Funktion	Gerade steigt/ Gerade fällt
a) $y = -2 \cdot x + 5$	fällt
b) $y = 2{,}4 \cdot x - 1{,}5$	steigt
c) $y = \frac{1}{5} \cdot x - \frac{4}{5}$	steigt
d) $y = -0{,}6 \cdot x - 0{,}4$	fällt

	Gerade verläuft vom ... Quadranten in den ... Quadranten	Schnittpunkt mit y-Achse bei ...
a)	vom II. in den IV.	$S\,(0;5)$
b)	vom III. in den I.	$S\,(0;-1{,}5)$
c)	vom III. in den I.	$S\,(0;-\frac{4}{5})$
d)	vom II. in den IV.	$S\,(0;-0{,}4)$

Übung 9

Da du hier zur Bestimmung eines zweiten Punktes jeweils die x-Koordinate selbst wählen kannst, gibt es viele Möglichkeiten für solche Punkte. Eine Kontrolle kann hier nur im Ablesen der Koordinaten von den zugehörigen Graphen im folgenden Koordinatensystem sein.

Graphen zu den Übungsaufgaben

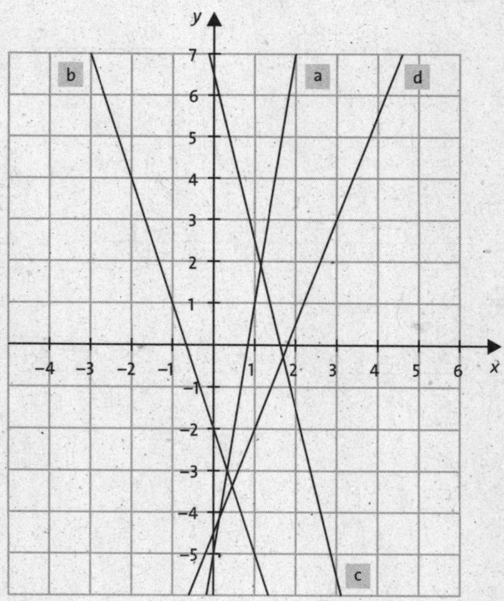

Übung 10

a) 1. Punkt: $x = 0$ und $y = 1$; $K\,(0;1)$
2. Punkt: $x = 3$ und $y = 8$; $L\,(3;8)$

b) 1. Punkt: $x = 0$ und $y = 3$; $R\,(0;3)$
2. Punkt: $x = 5$ und

$y = -\frac{2}{5} \cdot 5 + 3 = -2 + 3 = 1;\; G\,(5;1)$

c) 1. Punkt: $x = 0$ und $y = \frac{3}{2}$; $T\,(0;\frac{3}{2})$
2. Punkt: $x = 8$

$y = \frac{3}{8} \cdot 8 + \frac{3}{2} = 3 + \frac{3}{2} = 4{,}5;\; H\,(8;4{,}5)$

Übung 11

a) $y = 4$

x	−3	0	2	5
y	4	4	4	4

$y = -2$

x	−3	0	2	5
y	−2	−2	−2	−2

b)

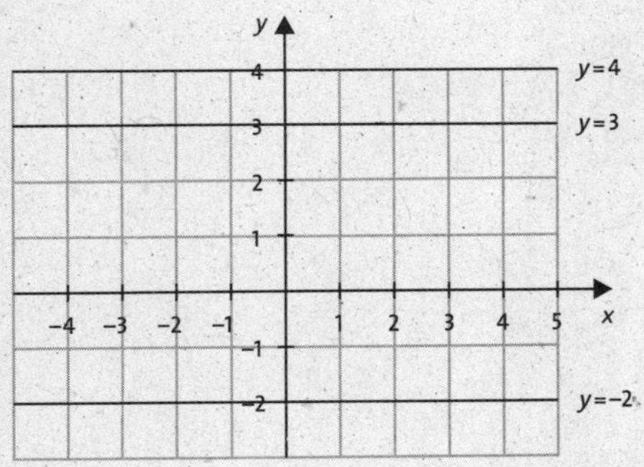

Übung 12

a) (1) $x = -2$; (2) $y = 3$

b)

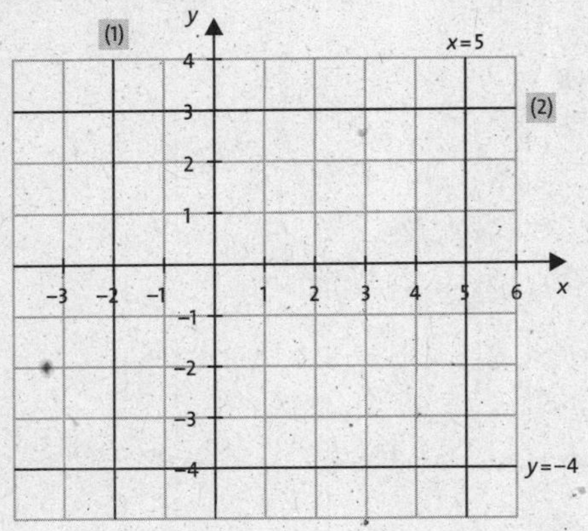

c) Flächeninhalt A (in Flächeneinheiten FE, z.B. in cm²): $A = 49\ FE$

Übung 13

Hinweis: Du hast hier viele Möglichkeiten für die Auswahl von zwei Wertepaaren. Für den Anstieg m muss sich jedoch stets derselbe Wert ergeben.

a) 1. Wertepaar: (0;4) 2. Wertepaar: (2;9)

$x_1 \quad y_1 \qquad\qquad x_2 \quad y_2$

$m = \frac{y_1 - y_2}{x_1 - x_2} = \frac{4-9}{0-2} = \frac{-5}{-2} = 2{,}5$

b) 1. Wertepaar: (4; −5) 2. Wertepaar: (8; −8)

$m = \frac{y_1 - y_2}{x_1 - x_2} = \frac{-5-(-8)}{4-8} = \frac{3}{-4} = -0{,}75$

Übung 14

$m = -\frac{11}{18}$

Übung 15

Gerade 1: $x_0 = 0$; Gerade 2: $x_0 = -4$; Gerade 3: $x_0 = 7$
Gerade 4: $x_0 = 2$; Gerade 5: $x_0 = 17$; Gerade 6: $x_0 = 5$

Übung 16

a) $x_0 = -\frac{3}{2} = -1{,}5$ **b)** $x_0 = 2$

c) keine Nullstelle **d)** $x_0 = 0$

e) $x_0 = 7$ **f)** $x_0 = -\frac{1}{3}$

KAPITEL 3

1. Rechnerisches Lösungsverfahren

Übung 1

Einsetzungsverfahren

$$\begin{array}{l|l|} \text{I} & 3x + y = 6 \\ \text{II} & 5x - 4y = -7 \end{array}$$

$$\begin{aligned}
&\text{(I)} & y &= 6 - 3x \\
&\text{(II)} & 5x - 4\,(6 - 3x) &= -7 \\
& & 5x - 24 + 12x &= -7 \\
& & 17x &= 17 \\
& & x &= 1 \\
&\text{(I)} & y &= 6 - 3 \cdot 1 = 3 \\
& & L &= \{(1; 3)\}
\end{aligned}$$

Übung 2

Gleichsetzungsverfahren

$$\begin{array}{l|l|} \text{I} & 3x + y = 6 \\ \text{II} & 5x - 4y = -7 \end{array}$$

(I) $y = 6 - 3x$

(II) $4y = 5x + 7$

$y = \frac{5}{4}x + \frac{7}{4}$

(I) = (II) $6 - 3x = \frac{5}{4}x + \frac{7}{4} \quad | \cdot 4$

$24 - 12x = 5x + 7$

$17 = 17x$

$x = 1$

(I) $y = 6 - 3 \cdot 1 = 3$

$L = \{(1; 3)\}$

Übung 3

Additionsverfahren

$$\begin{array}{l|l|l} \text{I} & 3x + y = 6 & | \cdot 4 \\ \text{II} & 5x - 4y = -7 & \end{array}$$

(I) $12x + 4y = 24$

(II) $5x - 4y = -7$

(I) + (II) $17x = 17$

$x = 1$

in I $3 \cdot 1 + y = 6$

$y = 3$

$L = \{(1; 3\}$

Übung 4

a) $\{(3; 2)\}$ **b)** $\{(2; 1)\}$ **c)** $\{(3; -2)\}$

d) $\{(-\frac{1}{2}; 0)\}$ **e)** $\{(1,5; 2,5)\}$ **f)** $\{(-1; -10)\}$

Übung 5

a) $\{\ \}$ **b)** $\{x;y \mid -x - 2y = 1\}$ **c)** $\{(6;12)\}$ **d)** $\{(3; -5)\}$

2. Grafisches Lösen

Übung 1

(I) $y = 2x + 5$;

(II) $y = -\frac{1}{2}x$

$S(-2; 1)$

Probe:

I $2 \cdot (-2) - 1 = -5$ (w)

II $-2 + 2 \cdot 1 = 0$ (w)

$L = \{(-2; 1)\}$

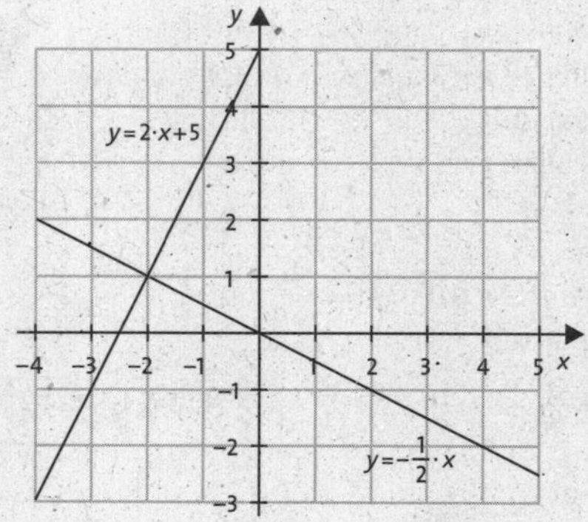

Übung 2

a)

(I) $y = -\frac{1}{2}x + 2$

(II) $y = 3x + 2$

$S(0; 2)$

Probe:

I $0 + 2 \cdot 2 = 4$ (w)

II $0 - 2 = -2$ (w)

$L = \{(0;2)\}$

b)

(I) $y = \frac{1}{2}x$

(II) $y = -2$

$S(-4; -2)$

Probe:

I $\frac{1}{2} \cdot (-4) - (-2) = 0$ (w)

II $-2 + 2 = 0$ (w)

$L = \{(-4; -2)\}$

Zu

a)

b)

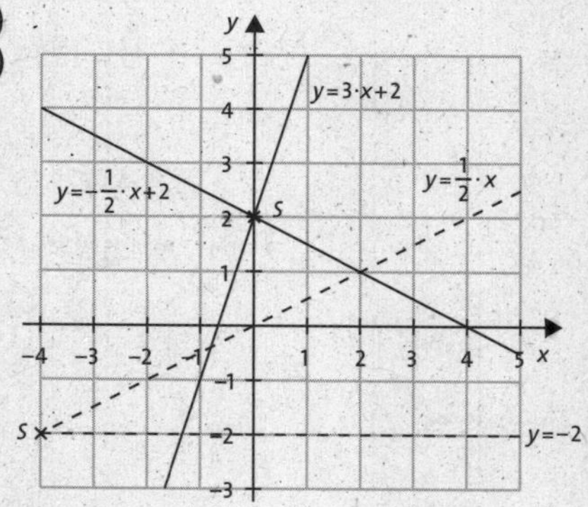

c)

(I) $y = \frac{1}{2}x - 1$

(II) $y = \frac{1}{2}x - \frac{1}{2}$

$L = \{\ \}$

d)

(I) $y = x - 3$

(II) $y = x - 3$

$L = \{(x;y)\ |\ x - y = 3\}$

Stichprobe mit (6; 3):

I $6 - 3 = 3$ (*w*)

II $-2 \cdot 6 + 2 \cdot 3 = -6$ (*w*)

Zu
c)
d)

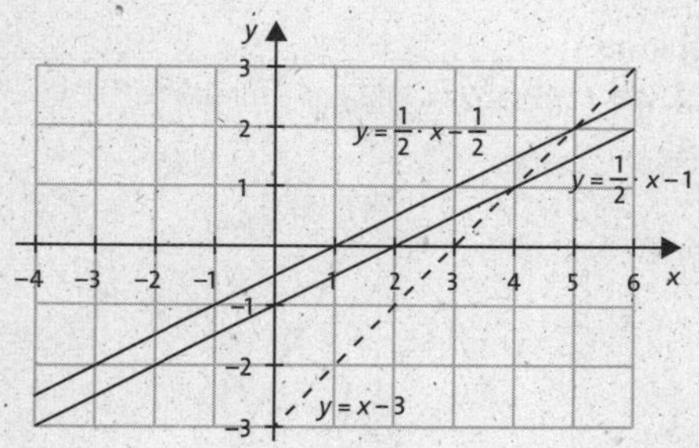

e)

(I) $y = x$

(II) $x = -3$

$S(-3; -3)$

Probe:

I $-3 = -3$ (*w*)

II $-3 + 3 = 0$ (*w*)

$L = \{(-3; -3)\}$

f)

(I) $y = 2$

(II) $y = -x$

$S(-2; 2)$

Probe:

I $2 - 2 = 0$ (*w*)

II $-2 + 2 = 0$ (*w*)

$L = \{(-2; 2)\}$

Zu
e)
f)

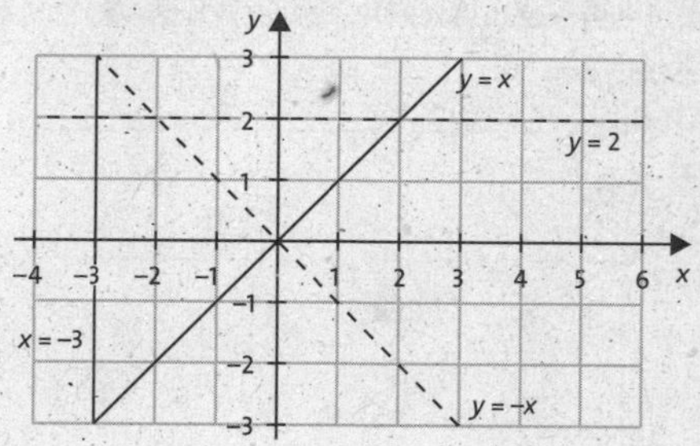

3. Textaufgaben

Übung 1

a) $x = y + 5$

b) $x = 2 \cdot y$

c) $x = \frac{1}{2} \cdot y$

d) $a + b = 25$

e) $y = x \cdot 5 + 10$

f) $x \cdot y = x + y$

Übung 2

a) Kleinere Zahl: x

Größere Zahl: y

I $\left| x + y = 15 \right|$

II $\left| y - x = 25 \right|$

→ $x = -5; y = 20$

Die Zahlen heißen –5 und 20.

b) I $\left| x + 6 = y \right|$

II $\left| 2x + 2y = 60 \right|$

→ $x = 12; y = 18$

Die Seiten sind 12 cm und 18 cm lang.

c) Basiswinkel: α

Winkel an der Spitze: γ

I $\left| \alpha = 2\gamma \right|$

II $\left| 2\alpha + \gamma = 180° \right|$

→ Basiswinkel $\alpha = 72°$;

Winkel an der Spitze $\gamma = 36°$

d) Flasche Weißwein: x €

Flasche Rotwein: y €

I $\left| 3x + 5y = 25{,}90 \right|$

II $\left| 5x + 3y = 24{,}50 \right|$

→ $x = 2{,}80; y = 3{,}50$

Eine Flasche Weißwein kostet 2,80 €, eine Flasche Rotwein kostet 3,50 €.

KAPITEL 4

1. Umfang

Übung 1

a) $u = 15{,}2$ cm

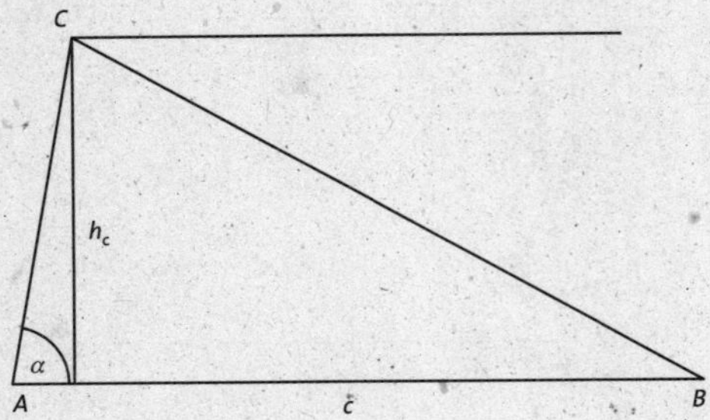

b) $u = 11{,}2$ cm

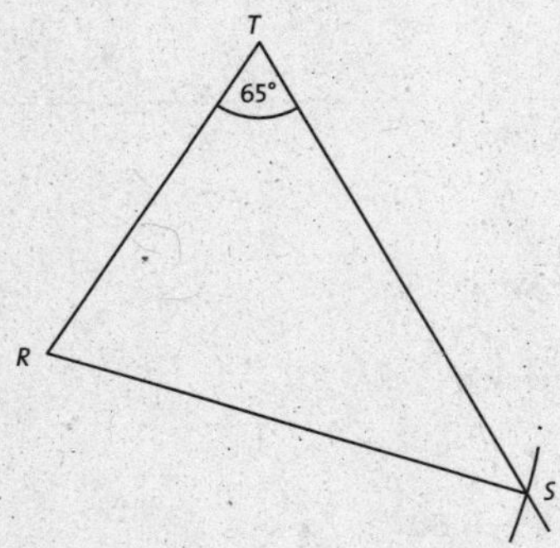

c) $u = 10{,}5$ cm

2. Flächeninhalt

Übung 1

$A = \frac{a \cdot h_a}{2} \approx 8{,}6\ \text{cm}^2;\ h_a \approx 3{,}4$ cm

$A = \frac{b \cdot h_b}{2} \approx 8{,}6\ \text{cm}^2;\ h_b \approx 3{,}8$ cm

$A = \frac{c \cdot h_c}{2} \approx 8{,}5\ \text{cm}^2;\ h_c \approx 4{,}3$ cm

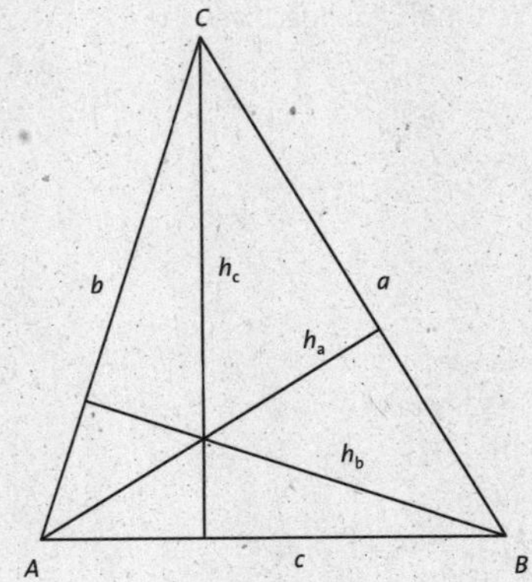

Übung 2

a) $A = 7\ \text{cm}^2$ (spitzwinkliges Dreieck)

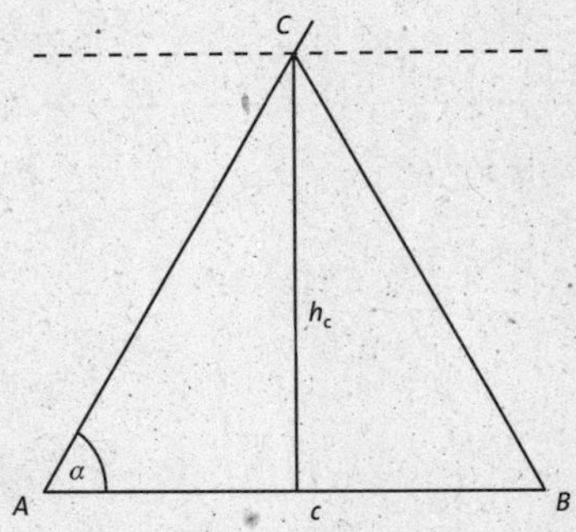

b) $A = 7\ \text{cm}^2$ (rechtwinkliges Dreieck)

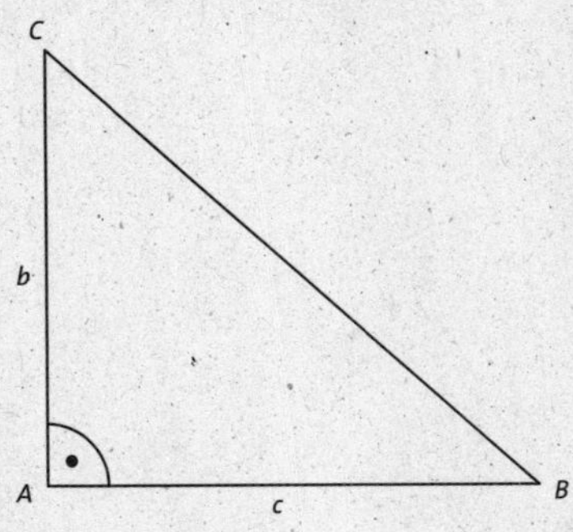

c) $A = 7\ cm^2$ (stumpfwinkliges Dreieck)

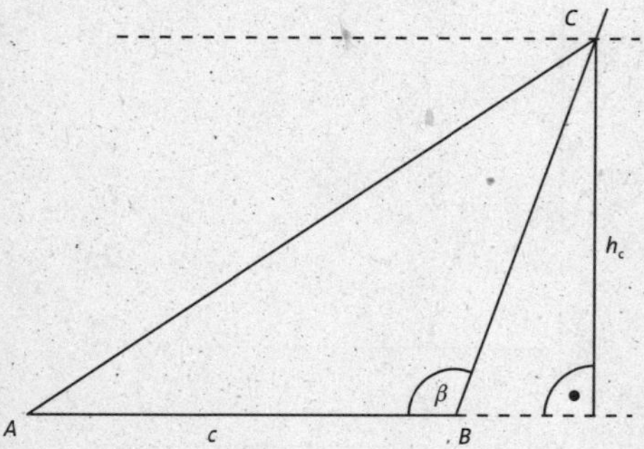

Übung 3

a) $A = 20\ cm^2$ **b)** $A = 6{,}44\ cm^2$
c) $A = 38{,}5\ cm^2$ **d)** $A = 81\ cm^2$

Übung 4

$\triangle AEM = \triangle FGN = 3{,}75\ cm^2$
$\triangle KON = \triangle POC = \triangle DLQ = 4{,}5\ cm^2$
$\triangle KCO = \triangle NPR = \triangle AFM = 9\ cm^2$
$\triangle DRP = \triangle AQD = \triangle DPC = \triangle ARQ = 18\ cm^2$
$\triangle ARD = \triangle DRC = 36\ cm^2$
$\triangle ABC = \triangle ACD = 72\ cm^2$

KAPITEL 5

1. Das Viereck - Vierecksarten

Übung 1

Durch das Einbauen einer Diagonalen entstehen zwei Dreiecke. Und Dreiecke sind stabil.

Übung 2

	α	β	γ	δ	α_1	β_1	γ_1	δ_1
a)	120°	60°	140°	40°	60°	120°	40°	140°
b)	90°	70°	90°	110°	90°	110°	90°	70°
c)	–	–	80°	60°	–	–	120°	–

c) nicht lösbar, denn $\gamma + \gamma_1 > 180°$

Übung 3

a) Gegenseiten sind gleich lang.
b) Nachbarseiten können verschieden lang sein.
c) Gegenseiten sind zueinander parallel.
d) Nachbarseiten sind zueinander orthogonal (senkrecht).
e) Diagonalen sind gleich lang.
f) Der Schnittpunkt der Diagonalen halbiert die Diagonalen.
g) Alle Winkel betragen 90°.

Übung 4

a) Die Eigenschaften a) bis g) außer b) treffen auch auf das Quadrat zu.
b) Im Quadrat sind alle Seiten gleich lang.

Übung 5

a) Die Schenkel sind gleich lang.
b) Die einer Grundseite anliegenden Winkel sind gleich groß.
c) Die Summe der einem Schenkel anliegenden Winkel beträgt 180°.
d) Die Summe von Gegenwinkeln beträgt 180°.
e) Die Diagonalen sind gleich lang.
f) Das gleichschenklige Trapez ist achsensymmetrisch.

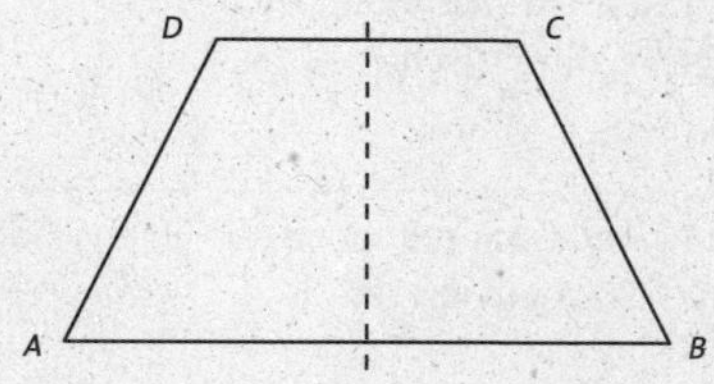

Übung 6

a) Die Gegenseiten sind gleich lang.
b) Die Nachbarseiten können verschieden lang sein.
c) Die Diagonalen können verschieden lang sein.
d) Die Diagonalen halbieren einander.
e) Gegenwinkel sind gleich groß.
f) Die Summe benachbarter Winkel beträgt 180°.

Übung 7

Die Diagonalen stehen aufeinander senkrecht. Gegenwinkel sind gleich groß.

Übung 8

Rechtwinklige Dreiecke:
$\triangle ABG$ 16 Kästchen
$\triangle KLG = \triangle KGH = \triangle BCL = \triangle LFG = \triangle FDE$ je 4 Kästchen
Gleichschenklig-spitzwinklige Dreiecke:
$\triangle LCF = \triangle CDF$ je 8 Kästchen
Quadrat: *BCFG* 16 Kästchen
Rechteck: *KLGH* 8 Kästchen
Rhombus: *CDFL* 16 Kästchen
Parallelogramme:
AKHI; KLFG je 8 Kästchen

Trapeze:

ABLK = *KLFH* *je* 12 Kästchen
AGHI 12 Kästchen
ACLK 16 Kästchen
CFLB = *CFGL* = *FCDE* *je* 12 Kästchen
ACFG 32 Kästchen

Übung 9

Du brauchst 2 Leisten zu 90 cm, 2 Leisten zu 50 cm, 1 Leiste zu 80 cm, 1 Leiste zu 110 cm.

Übung 10

a) Das Drachenviereck hat 2 Paar benachbarte gleich lange Seiten ($a = d$; $b = c$).
b) Die Diagonalen sind zueinander senkrecht.
c) Ein Paar Gegenwinkel sind gleich groß. Sie liegen symmetrisch.

Übung 11

a) Rhombus und Quadrat haben alle Eigenschaften eines Drachenvierecks.
b)

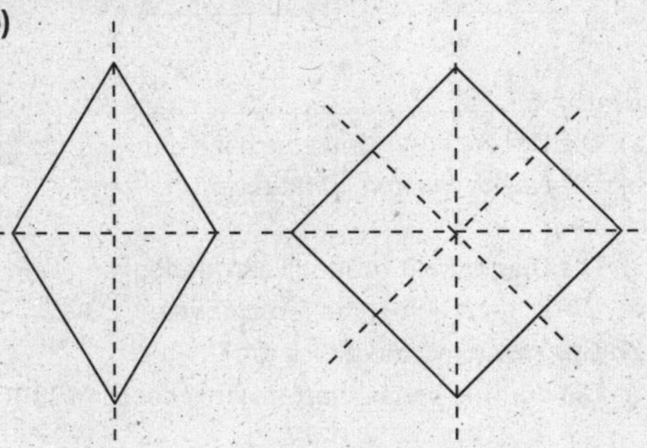

2. Konstruktionen

Übung 1

a)

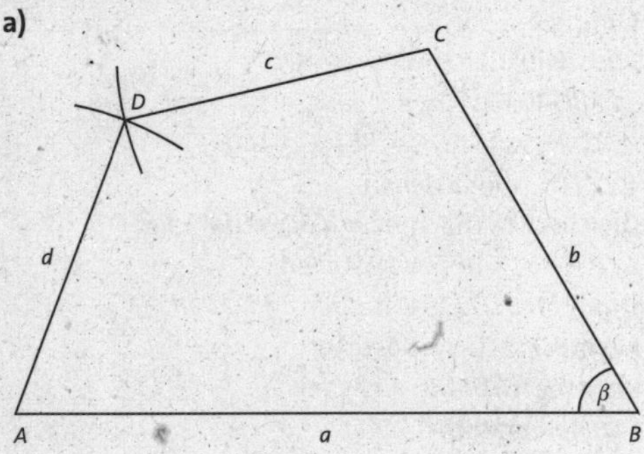

b)

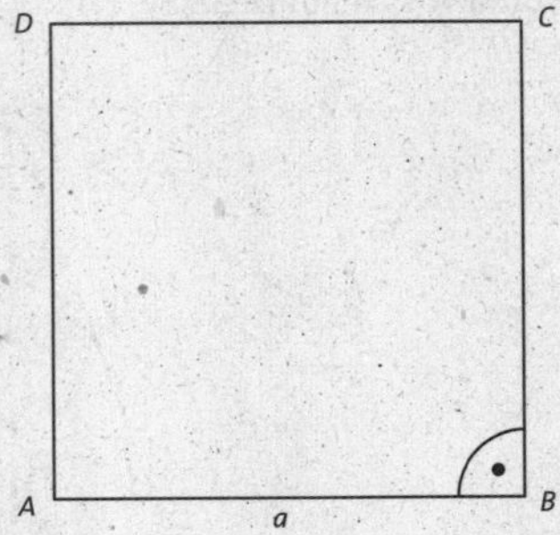

Übung 2

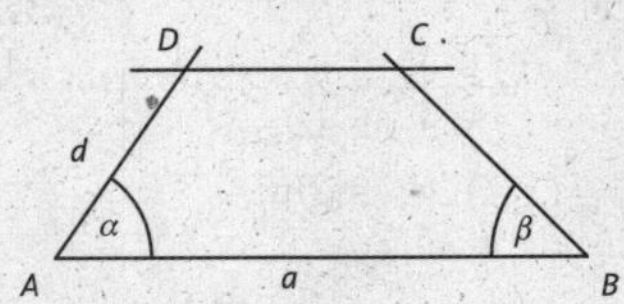

Maßstab 1 : 2

Übung 3

a)

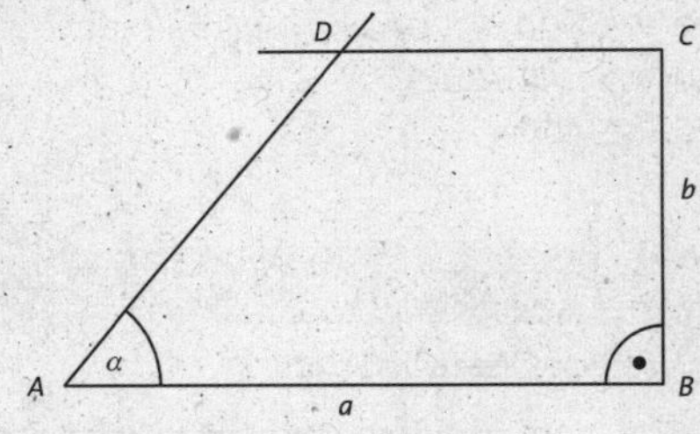

b)

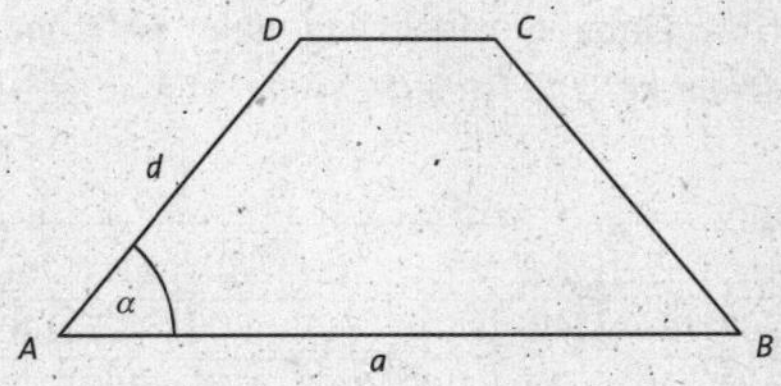

c)

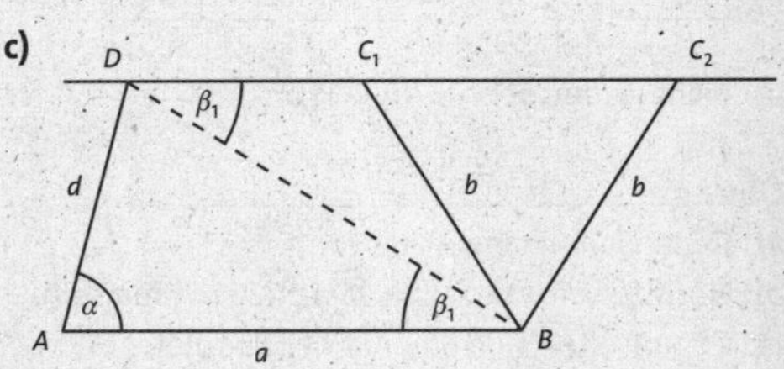

Für die Konstruktion des Teildreiecks *BCD* sind vorhanden:

- Seite *BD* (Diagonale des Trapezes, die sich durch die Konstruktion des Teildreiecks *ABD* ergeben hat.)
- Seite *b*
- Winkel β_1 (β_1 hat sich ebenfalls durch die Konstruktion des Teildreiecks *ABD* ergeben. Er tritt bei *D* als Wechselwirkung an geschnittenen Parallelen auf.)

Damit sind für das Teildreieck *BCD* zwei Seiten und der der kleineren Seite gegenüberliegende Winkel gegeben. Das entspricht keinem Kongruenzsatz. Daher ist die Lösung nicht eindeutig.

Übung 4

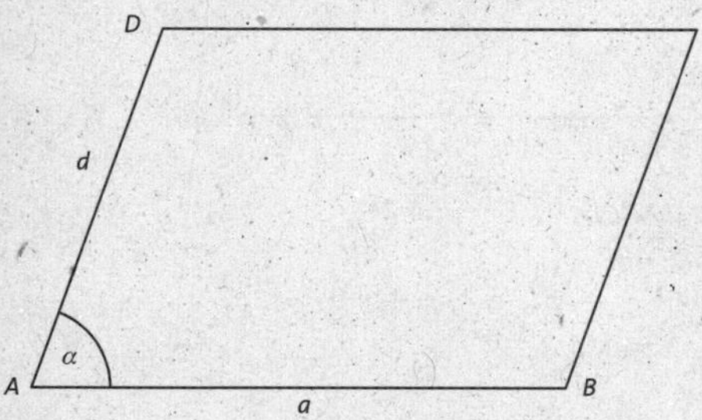

Übung 5

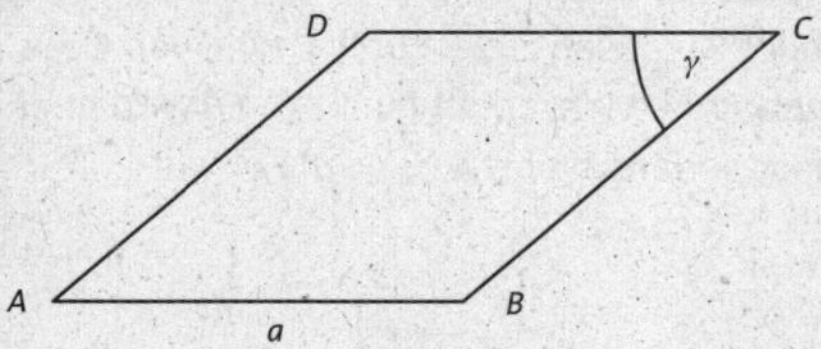

Übung 6

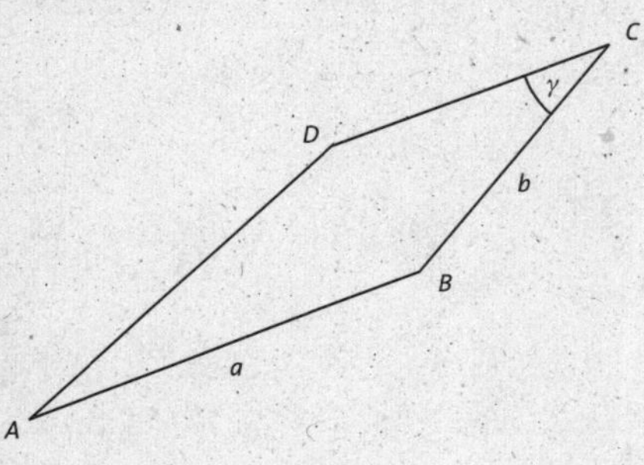

Übung 7

a)

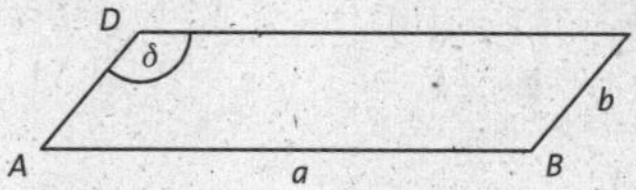

Maßstab 1 : 2

b)

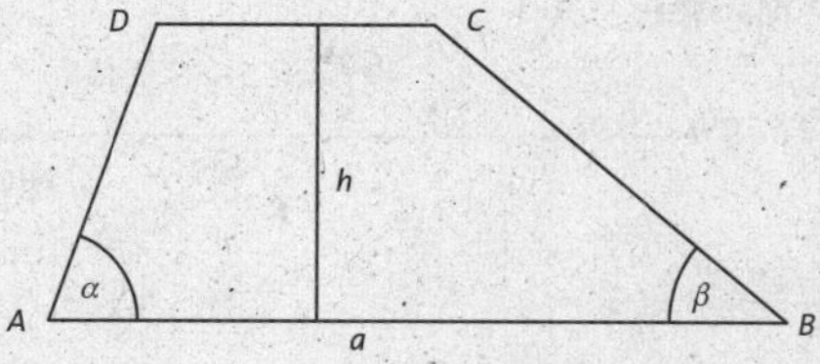

c)

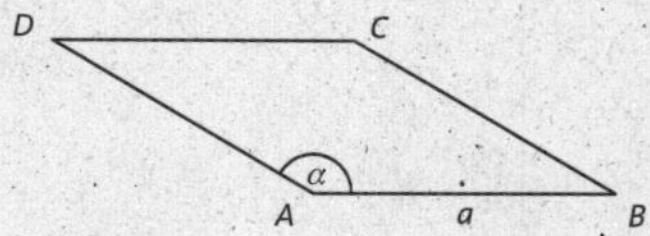

Maßstab 1 : 2

Übung 8

a)

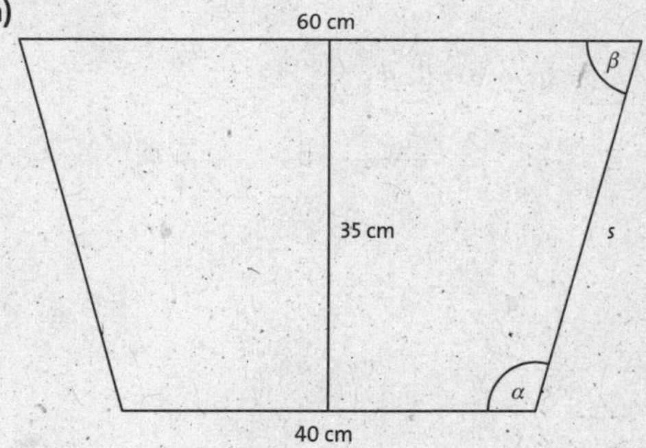

Maßstab 1 : 10

$\alpha = 106°$; $\beta = 74°$; s = 36,5 cm;

b)

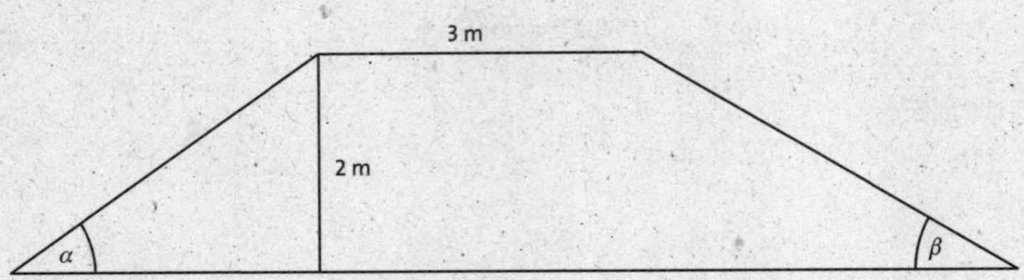

Maßstab 1 : 100

Übung 9

a)

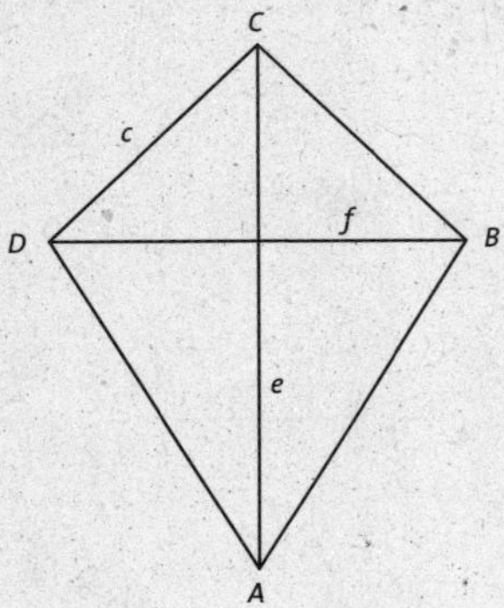

b) Nicht eindeutig lösbar!

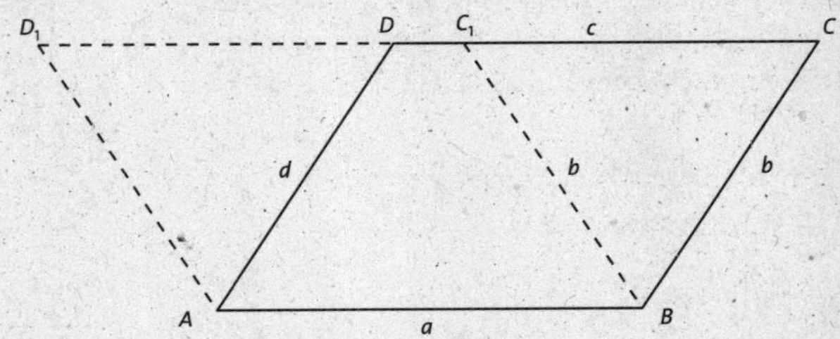

Parallelogramm 1: $ABCD$
Parallelogramm 2: ABC_1D_1

c) Nicht lösbar, da $a < \frac{e}{2}$.

d)

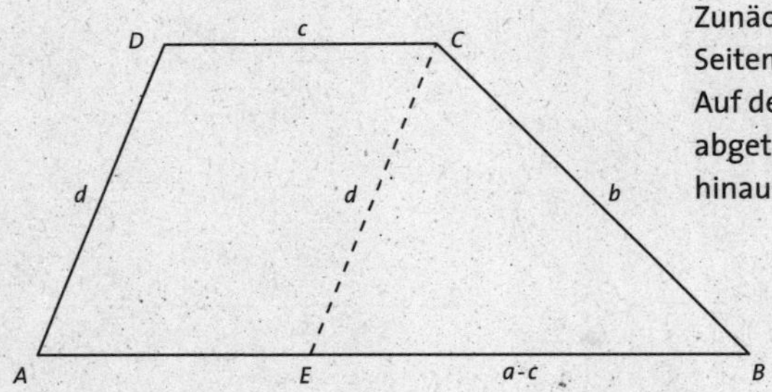

Zunächst lässt sich das Teildreieck EBC aus den Seiten b, d, und $\overline{EB} = a - c$ konstruieren.
Auf der Parallelen zu $\overline{EB}$ durch C wird von C aus c abgetragen. Man erhält Punkt D. $\overline{EB}$ wird über E hinaus verlängert bis A ($\overline{BA} = a$).

3. Berechnungen

Übung 1

a) $u = 51\text{ cm}$; $A = 157{,}5\text{ cm}^2$

b) $u = 160\text{ cm}$; $A = 1600\text{ cm}^2$

Übung 2

Spielfeld: $A = 7350\text{ m}^2$;

Strafraum: $A \approx 665\text{ m}^2$;

Torraum: $A \approx 101\text{ m}^2$

Übung 3

a) $A = 16{,}5\text{ cm}^2$ b) $A = 8\text{ cm}^2$

Übung 4

a) $A = 5\text{ cm} \cdot 4{,}8\text{ cm} = 24\text{ cm}^2$

b) $A = \frac{6\text{ cm} \cdot 8\text{ cm}}{2} = 24\text{ cm}^2$

Übung 5

$A = \frac{6\text{ cm} \cdot 6\text{ cm}}{2} = 18\text{ cm}^2$

Übung 6

a) $A_D = 14\text{ cm}^2$ b) $A_P = 18\text{ cm}^2$ c) $A_T = 11{,}25\text{ cm}^2$

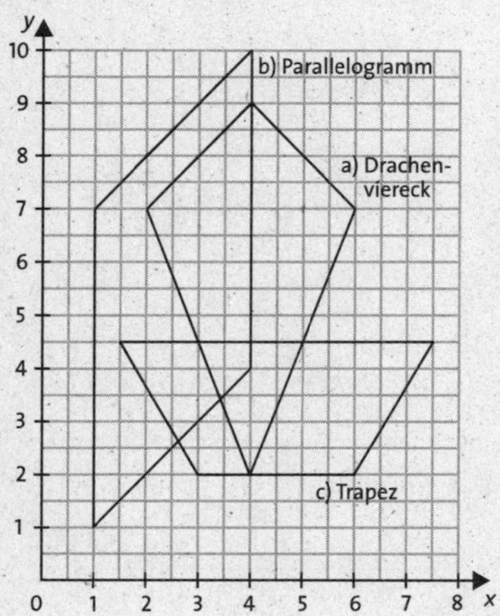

4. Übersichten

Übung 1

a)

Eigenschaften	T	P	Re	Q	Rho	D
mindestens 1 Paar Seiten parallel	x	x	x	x	x	–
2 Paar Seiten parallel	–	x	x	x	x	–
mindestens 1 Paar Seiten gleich lang	–	x	x	x	x	x
2 Paar Seiten gleich lang	–	x	x	x	x	x
Gegenseiten gleich lang	–	x	x	x	x	–
alle Seiten gleich lang	–	–	–	x	x	–
mindestens 1 Paar Gegenwinkel gleich groß	–	x	x	x	x	x
2 Paar Gegenwinkel gleich groß	–	x	x	x	x	–
Nachbarseiten zueinander senkrecht	–	–	x	x	–	–
Diagonalen gleich lang	–	–	x	x	–	–
Diagonalen halbieren einander	–	x	x	x	x	–
Diagonalen zueinander senkrecht	–	–	–	x	x	x
mindestens eine Symmetrieachse	–	–	x	x	x	x
mindestens zwei Symmetrieachsen	–	–	x	x	x	–
4 Symmetrieachsen	–	–	–	x	–	–

b) P, Re, Q und Rho sind spezielle T. Re, Q und Rho sind spezielle P. Q ist ein spezielles Re. Q ist ein spezieller Rho. Q und Rho sind spezielle D.

Übung 2

a) Q und Rho gehören zu den D.

b) Re, Rho und Q gehören zu den P.

c) Q sind spezielle Re und spezielle Rho. Rho sind spezielle D und spezielle P.

Übung 3

a) Die roten Linien sind Symmetrieachsen (z.B. haben Re und Rho zwei Symmetrieachsen, Q vier).

b) Die Zahlen geben die Anzahl der Stücke an, die notwendig sind, um das jeweilige Viereck konstruieren zu können.

KAPITEL 6

1. Punkte, Geraden, Ebenen im Raum

Übung 1

a) Ebene *EFG* (oder *HFG*, *EGH*, *HEF*)
Ebene *FBG* (oder *FBC*, *BCG*, *FCG*)
Ebene *BFE* (oder *AFE*, *ABE*, *ABF*)

b) Es sind die vier Ebenen *HFE*, *HFA*, *HFB*, *HFC*.
Auch andere Bezeichnungen sind möglich.

Übung 2

a) *AD*, *FG*, *EH*

b) *AB*, *FB*, *DC*, *GC*, *DB*, *EB*, *GB*, *AC*, *FC*, *HC*, *HB*, *EC*

c) *EF*, *EA*, *HG*, *HD*, *AF*, *DG*, *AH*, *ED*, *EG*, *HF*, *AG*, *DF*

Übung 3

a) Ebene *BCF*

b) Ebenen *ABD*, *EFH*, *ABE*, *DCH*, *ADF*, *EHB*, *EFC*, *ABG*, *AEC*, *HDB*, *BDE*, *ACF*, *BDG*, *ACH*, *AFH*, *BGE*, *CFH*, *DGE*.

Übung 4

Auf der Ebene *ABD*, die z.B. *AB* und *BC* enthält, und der Ebene *EFH*, die z.B. *EF* und *FG* enthält.

Übung 5

a) $AB \perp BC$, $AB \perp AD$, $DC \perp AD$, $DC \perp BC$, $AC \perp BD$, $MS \perp AC$, $MS \perp BD$

b) *BS* ist windschief zu *AD*, *DC*, *AC*.

c) $AB \parallel CD$, $AD \parallel BC$

d) $ABC \perp DBS$, $ABC \perp ACS$, $ACS \perp DBS$
BCS und *ADS* könnten, abhängig von der Höhe der Pyramide, aufeinander senkrecht stehen, ebenso *ABS* und *CDS*.

e) *CS*

2. Schrägbild und Netze

Übung 1

a)

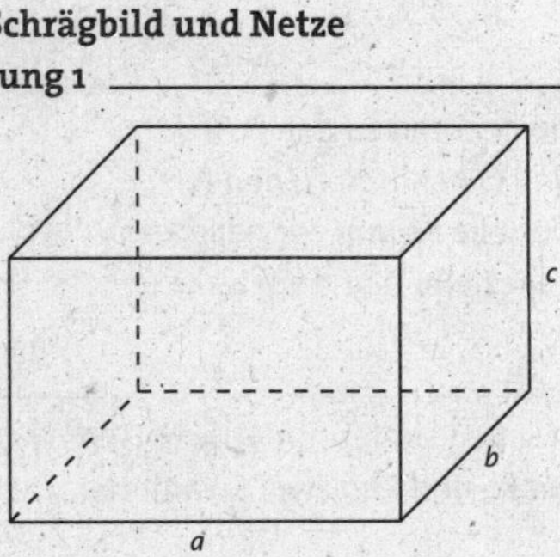

Maßstab 1 : 2

b)
c)

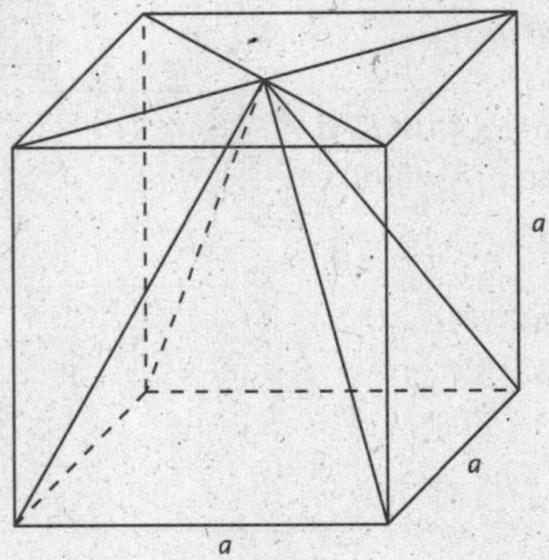

Maßstab 1 : 2

Übung 2

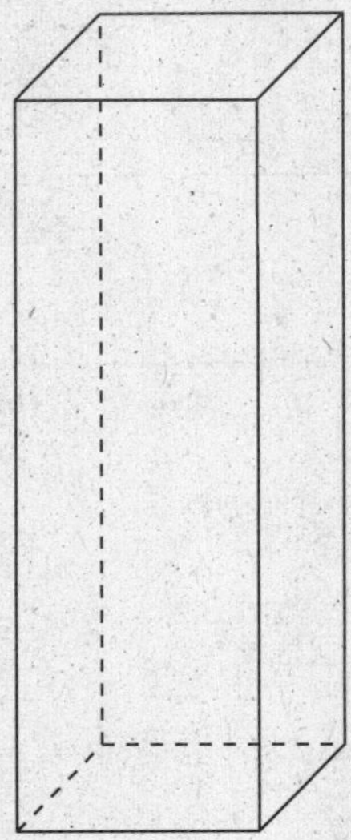

Übung 3

a)

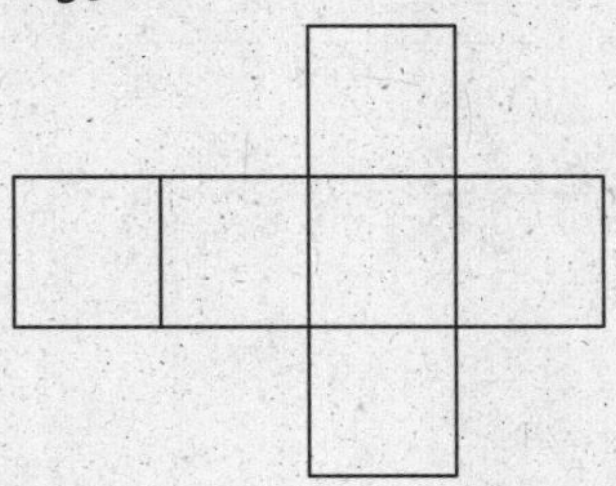

Maßstab 1 : 2

b)

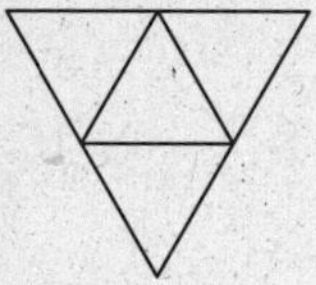

Maßstab 1 : 2

Übung 4

a)

Maßstab 1 : 2

b)

Maßstab 1 : 2

3. Das gerade Prisma

Übung 1

	Anzahl der Ecken	Anzahl der Kanten	Anzahl der Flächen
3-seitiges Prisma	6	9	5
4-seitiges Prisma	8	12	6
5-seitiges Prisma	10	15	7
6-seitiges Prisma	12	18	8
…	…	…	…
17-seitiges Prisma	34	51	19
n-seitiges Prisma	$2n$	$3n$	$n + 2$

Übung 2

$G = 5\text{ cm} \cdot 2\text{ cm} = 10\text{ cm}^2$

$u = 2 \cdot 5\text{ cm} + 2 \cdot 3\text{ cm} = 16\text{ cm}$

$V = G \cdot h = 10\text{ cm}^2 \cdot 10\text{ cm} = 100\text{ cm}^3$

$O = 2 \cdot G + u \cdot h = 20\text{ cm}^2 + 16\text{ cm} \cdot 10\text{ cm} = 180\text{ cm}^2$

Übung 3

$G = \frac{8\text{ m} + 2\text{ m}}{2} \cdot 2{,}5\text{ m} = 12{,}5\text{ m}^2$

$V = G \cdot h = 12{,}5\text{ m}^2 \cdot 50\text{ m} = 625\text{ m}^3$

Man braucht 625 m³ Erde.

Übung 4

a) Becken 1: $V_1 = 600\,000$ l;
Becken 2: $V_1 = 450\,000$ l

b) Becken 1: $V_2 = 570\,000$ l;
Becken 2: $V_2 = 420\,000$ l

Übung 5

a) 396 m²
b) 322 m²
c) 432 m²
d) 1872 m²

Cornelsen online http://www.cornelsen.de

Dieses Werk berücksichtigt die Regeln der reformierten Rechtschreibung und Zeichensetzung.

6. 5. 4. 3. 2.
08 07 06 05 04

Die letzten Ziffern bezeichnen Zahl und Jahr der Auflage.

Printed in the Czech Republik
ISBN 3-589-21826-6
Bestellnummer 218266

Inhalt

Vorwort

Liebe Schülerin, lieber Schüler!

Du hast hier ein Buch zum Lernen, Wiederholen und Üben in der Hand. Die Themen sind in kleinen, verständlichen Schritten aufbereitet. An vielen Stellen kannst du selbst in das Buch hineinschreiben. Kontrolliere deine Ergebnisse mit dem Lösungsheft.

Mit diesem Buch kannst du auf *zweierlei Weise* arbeiten:

1. **Möglichkeit:**
   Du fühlst dich insgesamt in Mathematik unsicher. Dann arbeite das Buch von vorne bis hinten durch. Nimm dir nicht zu viel auf einmal vor. Bearbeite lieber kleinere Abschnitte, aber dafür regelmäßig, vielleicht sogar täglich.
2. **Möglichkeit:**
   Du kennst deine Lücken. Du weißt, bei welchen Aufgabenstellungen du noch unsicher bist. Dann sieh im Inhaltsverzeichnis nach, picke einzelne Abschnitte heraus, und arbeite sie durch.

Und noch einige praktische Tipps zum Lernen mit diesem Buch:

- ▶ Verwende zum Eintragen ins Buch einen Bleistift. Fehler kannst du dann leichter ausbessern.
- ▶ Bist du dir beim Lösen der Übungsaufgaben nicht ganz sicher, sieh dir die Beispiele noch einmal genau an.
- ▶ Vergleiche deine Ergebnisse mit dem Lösungsheft. Überprüfe bei Fehlern immer genau, was du falsch gemacht hast.
- ▶ Bearbeite die Übungsaufgaben nach einigen Tagen noch einmal. So kannst du zusätzliche Sicherheit gewinnen.

Die *Symbole* am Seitenrand bedeuten:

 Wichtige Regel: Präge sie dir genau ein.

 Beispielaufgabe: Sie zeigt dir, wie du rechnen musst.

 Übungsaufgabe: Löse sie im Buch oder in einem separaten Heft.

Rechnen mit Bruchtermen

1 Definitionsmenge eines Bruchterms

Bruchterme sind Brüche mit Variablen im Zähler oder Nenner, zum Beispiel: $\frac{a+b}{2}$; $\frac{x}{x+1}$. Wie du sicher noch weißt, ist es nicht erlaubt, durch null zu dividieren. Daher darf der Nenner eines Bruchterms auf keinen Fall den Wert null annehmen (Terme wie z. B.: $\frac{x}{0}$; $\frac{4x-1}{3-3}$; … sind nicht zulässig), und wir erhalten folgende einfach zu merkende Regel:

> Um die Definitionsmenge eines Buchterms zu bestimmen, geht man folgendermaßen vor:
> 1. Feststellen, für welche Werte der Variablen der Nenner den Wert null hat.
> 2. Definitionsmenge $\mathbb{D}$ des Bruchterms ist dann die Menge $\mathbb{Q}$ der rationalen Zahlen mit Ausnahme dieser „Nennernullstellen".
>
> Beachte auch:
> 3. Der Zähler ist für die Definitionsmenge völlig unwichtig.

Beispielaufgabe

$\frac{15x-2}{4x-8}$

Überlegungen: Für welche x ist der Nenner null? Durch Probieren oder durch Rechnung erhalte ich als Lösung der Gleichung $4x-8=0$ die Zahl $x=2$.

Rechnung:

$4x-8 = 0 \mid +8$ (Addiere 8!)

$4x = 8 \mid :4$ (Dividiere durch 4!)

$x = 2$

$\mathbb{D} = \{x \in \mathbb{Q} \mid x \neq 2\}$

oder

$\mathbb{D} = \mathbb{Q} \setminus \{2\}$

Wenn in einem Term nur eine Variable verwendet wird, kann man diese Menge auch kürzer schreiben.
Lies: „$\mathbb{Q}$ außer 2"
oder: „alle rationalen Zahlen außer 2".

Übung 1

a) $\frac{3a+2}{3a-14}$

Überlegungen: Für welche Werte von a ist der Nenner null?

Rechnung:

$3a-14=0 \quad | +14$

________ = ________ | ________

$a =$ ________

$\mathbb{D} = \{$ ____________________ $\}$ oder

$\mathbb{D} =$ __________ $\setminus \{$ __________ $\}$

b) $\dfrac{6x}{3x^2 - 8x}$

Überlegungen:

$3x^2 - 8x =$ ____________________

Zerlege den Nenner in Faktoren.
Bestimme die Nullstellen.

$x =$ __________ oder ____________ = ________

____________ = ________

____________ = ________

$\mathbb{D} =$ ____________________

Beispielaufgabe

$\dfrac{1}{4x^2 - 12x + 9}$

$4x^2 - 12x + 9 = (2x)^2 - 2 \cdot 2x \cdot 3 + 3^2$
$= (2x - 3)^2$

$\Rightarrow x = \dfrac{3}{2}$

$\mathbb{D} = \mathbb{Q} \setminus \left\{\dfrac{3}{2}\right\}$ oder $\mathbb{D} = \left\{x \in \mathbb{Q} \mid x \neq \dfrac{3}{2}\right\}$

Überlegungen: Auch hier ist nicht ohne weiteres zu sehen, für welche x der Nenner null ist.
Ich denke an die 1. oder 2. bin. Formel und zerlege den Nenner.
Für welches x ist $2x - 3 = 0$?

Übung 2

$\dfrac{9}{p^2 + 12p + 36}$

Überlegungen:
Schreibe den Nenner als Produkt.

____________ = ____________ = (____________)²

$\mathbb{D} =$ ____

Übung 3

Bestimme die Definitionsmenge der folgenden Terme.

a) $\dfrac{3}{7x}$ b) $\dfrac{d}{d - 11}$ c) $\dfrac{3y - 5}{8y + 24}$ d) $\dfrac{2z - 3}{(5z - 7)(3z + 5)}$

e) $\dfrac{13u + 5}{8u^2 - 12u}$ f) $\dfrac{1}{121x^2 - 49}$ g) $\dfrac{2a + 1}{4a^2 - 20a + 25}$ h) $\dfrac{2r}{r^2 - 5r - 24}$

2 Kürzen von Bruchtermen

Kürzen heißt: Zähler und Nenner durch denselben Divisor dividieren.
Zum Kürzen muss man daher zunächst Zähler und Nenner in Produkte mit möglichst einfachen Faktoren verwandeln. Gemeinsame Faktoren kann man dann kürzen.
Aber Achtung: Aus Differenzen und Summen kann man nicht kürzen.

Beispielaufgaben

a) $\frac{2u+1}{2u}$

Überlegungen: Hier kann man nicht kürzen, da der Zähler nicht weiter in Faktoren zerlegt werden kann: Zählerfaktor ist also $(2u + 1)$, und Nennerfaktoren sind die Zahl 2 und u. Folglich sind keine gemeinsamen Faktoren vorhanden.

b) $\frac{48x^5y^3}{18xy^5}$

$= \frac{48\,\cancel{x}^1 \cdot x \cdot x \cdot x \cdot x \cdot \cancel{y}^1 \cdot \cancel{y}^1 \cdot \cancel{y}^1}{18 \cdot \cancel{x}^1 \cdot y \cdot y \cdot \cancel{y}^1 \cdot \cancel{y}^1 \cdot \cancel{y}^1}$

$= \frac{48 \cdot x \cdot x \cdot x \cdot x}{18 \cdot y \cdot y} = \frac{48x^4}{18y^2}$

$= \frac{24x^2}{9y^2} = \frac{8x^4}{3y^2}$

Überlegungen: Faktoren des Zählers sind 48, x (5-mal) und y (3-mal).

Faktoren des Nenners sind 18, x (1-mal) und y (5-mal).

Ich kann also x 1-mal und y 3-mal kürzen. Gemeinsame Teiler der Zahlen 48 und 18 sind 2 und 3, sodass ich zuerst 2 und dann 3 (oder auf einmal die Zahl 6) kürzen kann.

Übung 1

$\frac{28tu^2w^4}{12u^3w^2}$

= ______________________________

$= \frac{28}{12}$ ______________________ = ________

Überlegungen:
Ich kürze zuerst die Variablen

und dann die Zahlen.

Beispielaufgabe

$\frac{9x-18y}{6x-12y}$

$= \frac{9 \cdot x - 9 \cdot 2y}{6 \cdot x - 6 \cdot 2y}$

Überlegungen: Im Zähler kann ich 9 ausklammern, im Nenner 6.

$$= \frac{9\,\cancel{(x-2y)}^{1}}{6\,\cancel{(x-2y)}^{1}}$$

Gemeinsame Faktoren in Zähler und Nenner sind $(x-2y)$ und die Zahl 3.

$$= \frac{9}{6} = \frac{3}{2}$$

Übung 2

$$\frac{3u-15}{8u-40}$$

Überlegungen:

= ______________________

Ausklammern in Zähler und Nenner

= ______________________

und kürzen.

Beispielaufgabe

$$\frac{9x^2-16}{9x^2+24x+16}$$

Überlegungen: Im Zähler haben wir die Differenz zweier Quadrate, also kann die 3. bin. Formel angewandt werden, und der Nenner lässt die Anwendung der 1. bin. Formel zu.
Gemeinsamer Faktor ist $(3x+4)$.

$$= \frac{(3x)^2-4^2}{(3x)^2+2\cdot 3x\cdot 4+4^2}$$

$$= \frac{(3x-4)\,(3x+4)}{(3x+4)^2}$$

$$= \frac{(3x-4)\,\cancel{(3x+4)}^{1}}{(3x+4)\,\cancel{(3x+4)}^{1}}$$

$$= \frac{3x-4}{3x+4}$$

Hier kann man nicht weiter kürzen, da in Zähler und Nenner keine weiteren gemeinsamen Faktoren vorhanden sind ($3x$ und 4 sind Summanden).

Übung 3

$$\frac{r^2+10r+25}{2r^2-50}$$

Überlegungen:

= ______________________

Zerlege Zähler und Nenner in Faktoren

= ______________________

und kürze.

Übung 4

Kürze die folgenden Bruchterme so weit wie möglich.

a) $\frac{5ab}{bc}$ b) $\frac{72x}{21y}$ c) $\frac{98e^2f^6}{49e^6f^2}$ d) $\frac{32u^3-18u}{6u}$

e) $\frac{8(3x-4)}{6(3x-4)}$ f) $\frac{24s+36t}{18s-18t}$ g) $\frac{6a^2-15a}{4a^2-25}$ h) $\frac{x^2-16}{x^2-8x+16}$

3 Erweitern von Bruchtermen auf den Hauptnenner

Der Hauptnenner ist das kleinste gemeinsame Vielfache der vorhandenen Nenner. Um ihn zu finden, geht man folgendermaßen vor:

1. Alle Nenner vollständig in Faktoren zerlegen.
2. Den Hauptnenner erhält man dann, indem man jeden Faktor so oft nimmt, wie er in einer Nennerzerlegung höchstens vorkommt.
3. Schließlich erweitert man auf diesen Hauptnenner, indem man den Zähler jedes Bruchterms mit den zum Hauptnenner fehlenden Faktoren multipliziert.

Achtung: Beim Multiplizieren mit einer Summe muss man diese Summe in Klammern setzen.

Beispielaufgabe

Term 1: $\frac{1}{14st}$ | Term 2: $\frac{3}{49st^3}$

Überlegungen:
Zerlege die Nenner in Faktoren.

Nebenrechnung:

$14st = 2 \cdot 7 \cdot s \cdot t$

$49st^3 = 7 \cdot 7 \cdot s \cdot t \cdot t \cdot t$

$\text{kgV} = 2 \cdot 7 \cdot 7 \cdot s \cdot t \cdot t \cdot t = 98st^3$

$= \frac{1 \cdot 7t \cdot t}{14st \cdot 7t \cdot t} = \frac{7t^2}{98st^3}$ | $= \frac{3 \cdot 2}{49st^3 \cdot 2} = \frac{6}{98st^3}$

Fehlende Faktoren im Nenner 1 sind 7; t; t.

Fehlender Faktor im Nenner 2 ist die Zahl 2.

Übung 1

Term 1: $\frac{8}{3u^2v^3}$ | Term 2: $\frac{v^2}{2u^3}$

Überlegungen: Nenner zerlegen:

$3u^2v^3 =$ ____________________

$2u^2 =$ ____________________

HN = ____________________

$= \frac{8 \cdot}{3u^2v^3 \cdot}$ ____________ | $= \frac{v^2 \cdot}{2u^3 \cdot}$ ____________

= ______ | = ______ Erweitere mit den fehlenden Faktoren.

Beispielaufgabe

Term 1: $\frac{z}{2z+5}$

$= \frac{z}{2z+5}$

Term 2: $z+1$

$= \frac{z+1}{1}$

$= \frac{(z+1)\,(2z+5)}{1\,(2z+5)}$

$= \frac{2z^2+5z+2z+5}{2z+5}$

$= \frac{2z^2+7z+5}{2z+5}$

Überlegungen: Schreibe Term 2 als Bruch.

HN: $2z + 5$. Erweitere.
Und multipliziere aus.
Klammer um $z + 1$ nicht vergessen.

Übung 2

Term 1: 3

= ______

= ______

= ______

Term 2: $\frac{s}{9t-8s}$

= ______

Überlegungen: Term 1 als Bruch schreiben,

erweitern,

ausmultiplizieren.

Beispielaufgabe

Term 1: $\frac{3x-4}{x\,(x-2)}$

$= \frac{(3x-4)\cdot x\cdot(x+2)}{x\,(x-2)\cdot x\cdot(x+2)}$

$= \frac{x\,(3x-4)\,(x+2)}{x^2\,(x-2)\,(x+2)}$

Term 2: $\frac{x}{x^2\,(x+2)}$

$= \frac{x\,(x-2)}{x^2\,(x+2)\,(x-2)}$

$= \frac{x\,(x-2)}{x^2\,(x+2)\,(x-2)}$

Überlegungen: Die Nenner sind vollständig in Faktoren zerlegt.
HN = $x \cdot x \cdot (x-2) \cdot (x+2)$
Ich erweitere mit den fehlenden Faktoren.
Beachte: Der Zähler $(3x-4)$ muss wegen der Regel „Punktrechnung kommt vor Strichrechnung“ beim Erweitern in Klammern gesetzt werden. Ohne Klammern würde man nur die Zahl 4 mit x und $(x+2)$ multiplizieren.

Übung 3

Term 1: $\frac{2}{t\,(2s+4)}$

$= \frac{2\cdot}{\_\_\_\_\_\_}$

Term 2: $\frac{s}{s\,(2s+4)^2}$

$= \frac{s\cdot}{\_\_\_\_\_\_}$

Überlegungen:
HN = ______

Erweitere die Terme mit den fehlenden Faktoren.

Beispielaufgabe

Term 1: $\frac{a}{a^2 - 3a}$

$= \frac{a \quad \cdot 5}{a\,(a-3) \cdot 5}$

$= \frac{5a}{5a\,(a-3)}$

Term 2: $\frac{4}{5a - 15}$

$= \frac{4 \quad \cdot a}{5\,(a-3) \cdot a}$

$= \frac{4a}{5a\,(a-3)}$

Überlegungen: Ich zerlege die Nenner zunächst in Faktoren und erweitere mit den fehlenden Faktoren.

Übung 4

Term 1: $\frac{t-1}{3s^3 - 12s^2}$

$= \frac{t-1}{\_\_\_\_\_\_\_\_}$

$= \frac{t-1}{\_\_\_\_\_\_\_\_}$

$= \frac{t-1}{\_\_\_\_\_\_\_\_}$

Term 2: $\frac{5}{s^2t - 4st}$

$= \frac{5}{\_\_\_\_\_\_\_\_}$

= ________

= ________

Überlegungen:
Zerlege die Nenner in Faktoren.

HN = ________________

Erweitere!

Beispielaufgabe

Term 1: $\frac{5}{p^2 - 49}$

$= \frac{5}{(p-7)\,(p+7)}$

$= \frac{5 \quad \cdot (p+7)}{(p-7)\,(p+7) \cdot (p+7)}$

$= \frac{5\,(p+7)}{(p-7)\,(p+7)^2}$

Term 2: $\frac{p-1}{p^2 + 14p + 49}$

$= \frac{p-1}{(p+7)^2}$

$= \frac{(p-1) \cdot (p-7)}{(p+7)^2 \cdot (p-7)}$

$= \frac{(p-1)\,(p-7)}{(p-7)\,(p+7)^2}$

Überlegungen: Beim Nenner des ersten Terms kann man die 3. Bin. Formel anwenden. Der Nenner des zweiten Terms ermöglicht die Anwendung der 1. Bin. Formel.

Ich erweitere geignet.

Achtung: Klammer um den Faktor $(p-1)$ nicht vergessen.

Übung 5

Term1: $\frac{2}{v^2 - 36}$

$= \frac{2}{\_\_\_\_\_\_\_\_}$

$= \frac{2}{\_\_\_\_\_\_\_\_}$

= ________

Term2: $\frac{v+8}{v^2 - 12v + 36}$

$= \frac{v+8}{\_\_\_\_\_\_\_\_}$

$= \frac{(v+8)}{\_\_\_\_\_\_\_\_}$

= ________

Überlegungen: Nenner als Produkt schreiben und geeignet erweitern.

Übung 6

Erweitere die folgenden Bruchterme auf einen möglichst einfachen gemeinsamen Nenner.

a) Term 1: $\frac{a}{5b}$ Term 2: $\frac{b}{7a}$

b) Term 1: $\frac{p}{42}$ Term 2: $\frac{3}{56p}$

c) Term 1: $\frac{3}{16x^5}$ Term 2: $\frac{7}{24x^2y}$

d) Term 1: $\frac{u}{u-5}$ Term 2: $\frac{3-u}{u}$

e) Term 1: n Term 2: $\frac{2}{n+6}$

f) Term 1: $\frac{a+1}{4a^3}$ Term 2: $\frac{5}{6a^2-6a}$

g) Term 1: $\frac{25}{r^3-6r^2s}$ Term 2: $\frac{r+s}{5rs-30s^2}$

h) Term 1: $\frac{x-y}{4x^2-9y^2}$ Term 2: $\frac{2}{14xy-21y^2}$

4 Addition und Subtraktion von Bruchtermen

!

1. Zunächst muss man die Bruchterme auf den Hauptnenner erweitern.
2. Danach werden die Zähler addiert bzw. subtrahiert. Dabei ist es wichtig, den zu subtrahierenden Zähler in Klammern zu setzen. (Ein Bruchstrich ersetzt die Klammer.)
3. Am Ende versucht man noch, das Ergebnis zu kürzen.

Beispielaufgabe

$\frac{3}{2a}+\frac{4}{3ab}=$

Überlegungen: Der Hauptnenner ist $2 \cdot 3 \cdot a \cdot b$, also muss ich den ersten Bruch mit 3b und den zweiten Bruch mit 2 erweitern.

$=\frac{3 \cdot 3b}{6ab}+\frac{4 \cdot 2}{6ab}=\frac{9b}{6ab}+\frac{8}{6ab}$

Jetzt werden die Zähler addiert.

$=\frac{9b+8}{6ab}$

Kürzen ist nicht möglich, da der Zähler nicht weiter zerlegt werden kann.

Übung 1

$\frac{1}{12x} + \frac{1}{8y} =$

$= \_\_\_\_\_\_ + \_\_\_\_\_\_$

$= \_\_\_\_\_\_ = \_\_\_\_\_\_$

Überlegungen:
Bestimme den Hauptnenner.

HN = ____________

Beispielaufgabe

$\frac{2}{a} - \frac{a+1}{a-2} =$

Überlegungen: Der Hauptnenner ist $a \cdot (a-2)$. Der erste Bruch wird mit $(a-2)$, der 2. Bruch mit a erweitert.

$= \frac{2 \cdot (a-2)}{a \cdot (a-2)} - \frac{a \cdot (a+1)}{a \cdot (a-2)}$

$= \frac{2a-4}{a\,(a-2)} - \frac{a^2+a}{a\,(a-2)}$

Die Zähler werden subtrahiert. Da man aber eine Summe $(a^2 + a)$ subtrahiert, muss man diese in Klammern setzen.

$= \frac{(2a-4)-(a^2+a)}{a\,(a-2)}$

$= \frac{2a-4-a^2-a}{a\,(a-2)}$

Beim Auflösen der Klammern im Zähler beachtet man die Minusklammerregel (siehe Pfeile).

$= \frac{a-4-a^2}{a\,(a-2)}$

Der Zähler ist nicht weiter zerlegbar, also kann man nicht kürzen.

Übung 2

$\frac{2s}{s-t} - \frac{s-t}{s+t} =$

Überlegungen:
Faktoren der Nenner sind:

____

⇒ HN = ____________

$= \_\_\_\_\_\_ - \_\_\_\_\_\_$

Minuszeichen beachten!

$= \frac{\quad - (\quad)}{\_\_\_\_\_\_}$

$= \frac{\quad - \quad}{\_\_\_\_\_\_}$

$= \_\_\_\_\_\_$

Beispielaufgabe

$$\frac{4x+5y}{12x+6y} - \frac{x+y}{2x+y} =$$

Überlegungen:

$$= \frac{4x+5y}{6\,(2x+y)} - \frac{x+y}{2x+y}$$

Der zweite Bruch muss mit 6 erweitert werden.

$$= \frac{4x+5y}{6\,(2x+y)} - \frac{6\,(x+y)}{6\,(2x+y)}$$

Beim Subtrahieren des zweiten Zählers setze ich diesen in Klammern. Außerdem muss ich aufpassen, dass ich die Zeichenänderung (siehe Pfeile) nicht vergesse.

$$= \frac{4x+5y}{6\,(2x+y)} - \frac{6x+6y}{6\,(2x+y)}$$

$$\downarrow$$

$$= \frac{4x+5y-(6x+6y)}{6\,(2x+y)}$$

$$\downarrow$$

$$= \frac{4x+5y-6x-6y}{6\,(2x+y)}$$

$$= \frac{-2x-y}{6\,(2x+y)}$$

$$= \frac{-1\,\cancel{(2x+y)}^{1}}{6\,\cancel{(2x+y)}^{1}} = \frac{-1}{6} = -\frac{1}{6}$$

Wenn man im Zähler den Faktor (–1) ausklammert, kann man $(2x+y)$ kürzen.

Übung 3

$$\frac{8b-7}{6b+12} - \frac{2b+5}{10b+20} =$$

Überlegungen: Nenner zerlegen. HN bestimmen und erweitern, ausrechnen, evtl. kürzen.

$$= \frac{8b-7}{\rule{2em}{0.4pt}} - \frac{2b+5}{\rule{2em}{0.4pt}}$$

$$= \frac{\rule{1em}{0.4pt}\,(8b-7)}{\rule{6em}{0.4pt}} - \frac{\rule{1em}{0.4pt}\,(2b+5)}{\rule{6em}{0.4pt}}$$

= ______________________________

= ______________________________

= ______________________________

Übung 4

Vereinfache die folgenden Bruchterme so weit wie möglich.

a) $\frac{3u}{5u-2}+\frac{6u}{5u-2}$

b) $\frac{5c}{3c-4d}-\frac{d-2c}{3c-4d}$

c) $\frac{7}{3x^2y}+2$

d) $\frac{3+z}{24z^2}-\frac{5}{36z}$

e) $\frac{x}{y}+\frac{1-x}{y+1}$

f) $\frac{1}{4}-\frac{p}{4p+7}$

g) $\frac{1}{a}-\frac{1}{b}+\frac{1}{c}$

h) $\frac{a}{11a-22b}+\frac{a-b}{6a-12b}$

i) $\frac{s}{s^2-9}-\frac{s-5}{s^2-3s}$

j) $\frac{4x+5}{16x^2-25}+\frac{4x-5}{16x^2+40x+25}$

5 Bruchgleichungen

Zum Lösen einer Bruchgleichung gehst du folgendermaßen vor:

1. Gleichung auf den Hauptnenner erweitern.
2. Definitionsmenge bestimmen.
3. Mit dem Hauptnenner multiplizieren.
4. Die entstandene Gleichung lösen.
5. Überprüfen, ob das berechnete Lösungselement in der Definitionsmenge liegt und die Lösungsmenge aufschreiben.

Beispielaufgabe

$$\frac{9-y}{y+4}=2$$

$$\frac{9-y}{y+4}=\frac{2(y+4)}{y+4} \mid (\mathbb{D}=\mathbb{Q}\setminus\{-4\})$$

$$9-y=2y+8 \quad \mid +y-8$$

$$1=3y \quad \mid :3$$

$$\frac{1}{3}=y$$

$$\Rightarrow L=\left\{\frac{1}{3}\right\}$$

Überlegungen:

1. Ich erweitere auf den Hauptnenner (HN).
2. Bestimme die Definitionsmenge. (Wenn die Zahl – 4 als Lösung der Gleichung herauskommen würde, könnte diese Zahl kein Lösungselement sein.)
3. Multipliziere mit dem HN.
4. Berechne.
5. $\frac{1}{3}$ liegt in der Definitionsmenge.

Übung 1

$$8 = \frac{2x-2}{x+5}$$

Überlegungen:
Erweitern auf den Hauptnenner.
Die Definitionsmenge bestimmen, mit dem Hauptnenner multiplizieren, Gleichung lösen.

__________ = __________ | ($\mathbb{D}$ = ________)

__________ = __________

__________ = __________

__________ = __________

__________ = __________

$\Rightarrow L =$ __________

Beispielaufgabe

$$\frac{4}{x-2} + 1 = \frac{x}{x+1}$$

Überlegungen:
HN $= (x-2)(x+1)$

$$\frac{4(x+1)}{(x-2)(x+1)} + \frac{(x-2)(x+1)}{(x-2)(x+1)} = \frac{x(x-2)}{(x-2)(x+1)} \quad | \cdot \text{HN} \qquad \mathbb{D} = \mathbb{Q} \setminus \{2; -1\}$$

$$4x + 4 + x^2 + x - 2x - 2 = x^2 - 2x$$

$$x^2 + 3x + 2 = x^2 - 2x \quad | -x^2$$

$$3x + 2 = -2x \quad | -3x$$

$$2 = -5x \quad |: (-5)$$

$$-\frac{2}{5} = x$$

$$\Rightarrow L = \left\{-\frac{2}{5}\right\} \qquad -\frac{2}{5} \in \mathbb{D}$$

Übung 2

$$\frac{5x}{5x+2} = \frac{x-1}{x+1}$$

Überlegungen:

__________ = __________ $\mathbb{D}$ = __________

__________ = __________

__________ = __________

__________ = __________

__________ = __________

$x =$ __________ ____ $\in \mathbb{D}$

$\Rightarrow L =$ __________

Beispielaufgabe

$$\frac{9}{9v^2-16}=\frac{7}{9v^2+24v+16}$$

Überlegungen: Nenner als Produkt schreiben (Binome), erweitern.

$$\frac{9}{(3v-4)\,(3v+4)}=\frac{7}{(3v+4)^2}$$

$\mathbb{D}=\mathbb{Q}\setminus\left\{\pm\frac{4}{3}\right\}$

$$\frac{9\,(3v+4)}{(3v-4)\,(3v+4)^2}=\frac{7\,(3v-4)}{(3v-4)\,(3v+4)^2}\quad|\cdot \text{HN}$$

$$27v+36=21v-28\quad|-21v-36$$

$$6v=-64\quad|:6$$

$$v=-\frac{32}{3}$$

$-\frac{32}{3}\in\mathbb{D}$

$$\Rightarrow L=\left\{-\frac{32}{3}\right\}$$

Übung 3

$$\frac{2}{r^2-10r+25}+\frac{3}{r^2-25}=\frac{5}{r^2+10r+25}$$

Überlegungen:
Nenner zerlegen, erweitern.

$\mathbb{D}=$ ____________

____

____

____

____

____

____

____

$L=$ ______________________________________

Übung 4

Bestimme die Lösungsmengen der folgenden Bruchgleichungen.
Mache, falls dies gewünscht wird, die Probe.

a) $\frac{1}{x}+\frac{2}{5}=\frac{1}{2x}$

b) $\frac{x-2}{x-4}=3$ (Probe)

c) $\frac{3}{2z}=\frac{3}{z+3}$ (Probe)

d) $\frac{1}{a+6}-\frac{5}{3-a}=0$

e) $\frac{2}{3x^2+4x}=\frac{1}{2x^2}$ (Probe)

f) $\frac{s+3}{s-3}-\frac{s-3}{s+3}=\frac{4}{s^2-9}$

g) $\frac{22}{121-y^2}+\frac{y}{11y+y^2}=\frac{1}{y}$

h) $\frac{u+1}{u^2-4}=\frac{u-4}{u^2-5u+6}$ (Probe)

6 Bruchungleichungen

Du erinnerst dich: Bei Ungleichungen gelten nicht genau die gleichen Äquivalenzumformungen wie bei Gleichungen.
Zuerst eine Vorbemerkung über Lösungsmengen: Die Lösungsmenge einer Ungleichung kannst du sehr anschaulich an der Zahlengeraden verdeutlichen.

Beispielaufgabe

$L_1 = \{x \in \mathbb{Q} \mid x \geqq 3\}$

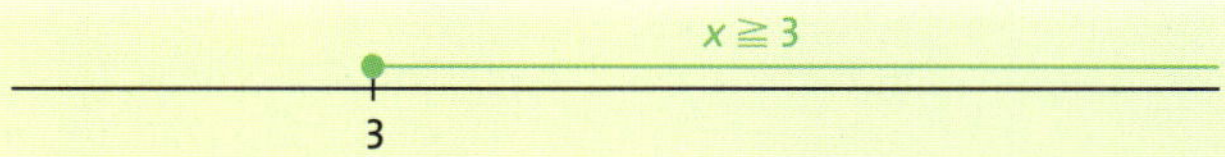

Dabei bedeutet der grüne Punkt bei der 3, dass der Randwert 3 zur grün gezeichneten Lösungsmenge dazugehört. Wenn der Randwert nicht dazugehört (z. B. $x > 3$), wird der grüne Punkt einfach weggelassen.
Versuche es doch einmal selbst.

Übung 1

$L_2 = \{x \in \mathbb{Q} \mid x < 5\}$

Die **Schnittmenge** zweier Mengen ist mit dieser grafischen Darstellung dann sehr einfach zu ermitteln: Es sind dies alle Bereiche, die von beiden Mengen überdeckt werden.
Und die **Vereinigungsmenge** zweier Mengen ist dann der Bereich, der von mindestens einer Menge überdeckt wird.

Beispielaufgabe

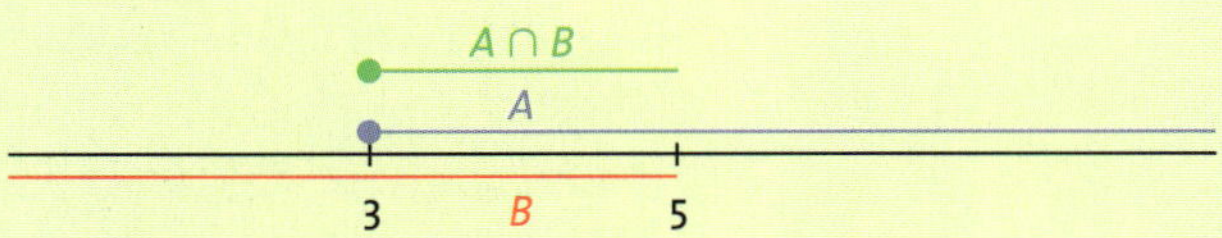

Der grün markierte Bereich ist $A \cap B = \{x \in \mathbb{Q} \mid 3 \leqq x < 5\}$

Mit Hilfe der soeben gelernten Hilfsmittel kann man eine Bruchungleichung ohne weiteres lösen. Da jedoch im Gegensatz zu unseren bisherigen Aufgaben die Formulierung einer einfachen, einprägsamen Regel dafür kaum möglich erscheint, zeige ich dir vor der Formulierung einer Regel anhand eines Beispiels, wie man eine solche Ungleichung lösen kann.

Beispielaufgabe

$\frac{3}{x} \geqq 7$

$\frac{3}{x} \geqq \frac{7x}{x} \quad | \cdot \text{HN}$

Überlegungen: Ich erweitere auf den Hauptnenner. Ich multipliziere wie bei einer Gleichung mit dem Hauptnenner $x (x \neq 0)$, wobei sich allerdings ein bisher unbekanntes Problem ergibt: Der Hauptnenner x kann positiv oder negativ sein.
Wie wir wissen, hat dies aber bei einer Ungleichung Auswirkungen. Ist nämlich HN < 0, dann dreht sich das Ungleichheitszeichen herum. Daher ist man gezwungen, die weitere Rechnung in 2 verschiedene Fälle aufzuteilen: Fall 1 mit der Vorbedingung HN > 0 und Fall 2 mit der Vorbedingung HN < 0.

Vorbedingungen:

Fall 1: HN > 0
$x > 0$

Rechnung:

$3 \geqq 7x$

$\frac{3}{7} \geqq x$

$x \leqq \frac{3}{7}$ und $x > 0$

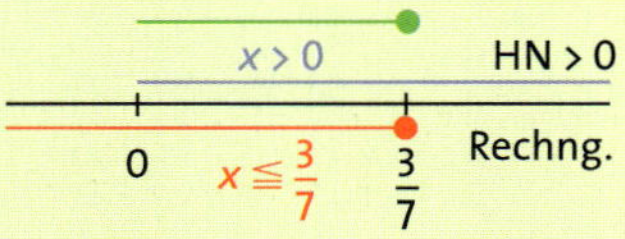

$L_1 = \left\{ x \in \mathbb{Q} \mid 0 < x \leqq \frac{3}{7} \right\}$

Fall 2: HN < 0
$x < 0$

$3 \leqq 7x$

$\frac{3}{7} \leqq x$

$x \geqq \frac{3}{7}$ und $x < 0$

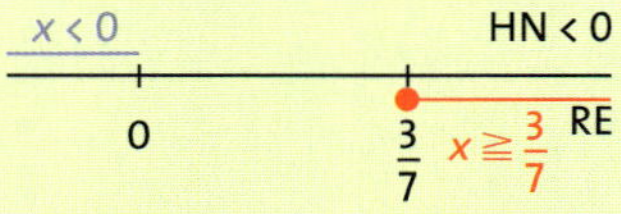

$L_2 = \{ \quad \}$

$L = L_1 \cup L_2 = \left\{ x \in \mathbb{Q} \mid 0 < x \leqq \frac{3}{7} \right\}$

Überlegungen:

Im Fall 2 dreht sich das Ungleichheitszeichen herum; sonst ist die Rechnung identisch.
Es ergeben sich jeweils 2 Bedingungen, die an der Zahlengeraden verdeutlicht werden. Man beachte, dass im Fall 2 auf die Rechnung vollständig verzichtet werden kann, da bei der Vorbedingung HN < 0 und der Rechnung jeweils das Gegenteil von Fall 1 herauskommt.
Lösungsmenge ist jeweils die Schnittmenge (grüner Bereich).

Da Fall 1 oder Fall 2 eintreten kann, ist die Lösungsmenge die Vereinigung der beiden Teillösungen.

Im Folgenden ist das am Beispiel gezeigte Vorgehen allgemein aufgeschrieben. Lies die einzelnen Punkte konzentriert durch und vergleiche mit dem Beispiel.

1. Erweitere die Bruchungleichung auf den Hauptnenner.
2. Multipliziere mit dem Hauptnenner.
   Es ergeben sich dann 2 Fälle:
   Fall 1: Der Hauptnenner ist positiv (HN > 0); in diesem Fall bleibt das Ungleichheitszeichen erhalten.
   Fall 2: Der Hauptnenner ist negativ (HN < 0); in diesem Fall dreht sich das Ungleichheitszeichen herum.

3a) Man löst zunächst Fall 1: Die Rechnung ergibt eine Lösungsmenge L_a für die Ungleichung, und man erhält die Lösungsmenge L_1 von Fall 1 als Schnittmenge von L_a und der Vorbedingung (HN > 0).

3b) Die Lösungsmenge L_2 von Fall 2 erhält man dann wie folgt: Da sich die Lösungsmenge L_b der Rechnung von L_a sowie die Vorbedingungen (HN < 0) von (HN > 0) nur durch das Ungleichheitszeichen unterscheiden, erhält man L_b und (HN < 0) ohne Rechnung. L_2 ist dann die Schnittmenge von L_0 und (HN < 0).

4. Die Gesamtlösungsmenge L ist dann die Vereinigungsmenge der beiden Lösungsmengen L_1 und L_2.

Beispielaufgabe

$$\frac{2x-5}{3x+6} < 4$$

$$\frac{2x-5}{3x+6} < \frac{4(3x+6)}{3x+6} \quad | \cdot \text{HN}$$

Überlegungen: Auf den Hauptnenner erweitern. (Bis hierher ist kein Unterschied zur Lösung einer Gleichung festzustellen.)

Vorbedingungen:

Fall 1: $3x + 6 > 0$

$x > -2$

Rechnung:

$2x - 5 < 12x + 24 \quad | -12x + 5$

$-10x < 29 \quad | :(-10)$

$x > -2{,}9$

Fall 2: HN < 0

$x < -2$

$x < -2{,}9$

Überlegungen: Fall 2 ist von Fall 1 nur durch das Ungleichheitszeichen unterschieden.

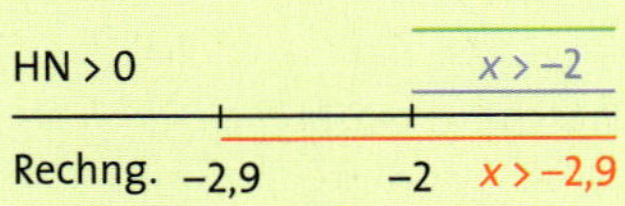

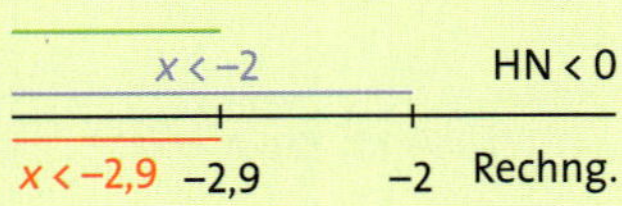

Zeichnung: Die Teillösungen sind grün.

$L_1 = \{x \in \mathbb{Q} \mid x > -2\}$

$L_2 = \{x \in \mathbb{Q} \mid x < -2{,}9\}$

$\Rightarrow L = L_1 \cup L_2 = \{x \in \mathbb{Q} \mid x > -2 \text{ oder } x < -2{,}9\}$

Übung 2

$$\frac{3}{x-1} < 5$$

$$\frac{3}{x-1} < \underline{\qquad\qquad} \quad | \cdot \text{HN}$$

Überlegungen: Auf den Hauptnenner erweitern.

Vorbedingungen:

Fall 1: ____________________

____

Rechnung:

____

____

____

Fall 2:

Überlegungen:
Fall 2 ist in Vorbedingung und Rechnung das Gegenteil von Fall 1, braucht also nur gezeichnet werden.

HN > 0

Rechng.

HN < 0

Rechng.

L_1 = ____________________

L_2 = ____________________

$\Rightarrow L$ = ____________________

Übung 3

Bestimme die Lösungsmengen der folgenden Bruchungleichungen.

a) $\frac{8}{3x} < 4$

b) $\frac{3x+1}{2x-12} \leqq \frac{x-2}{3x-18}$

c) $\frac{6-x}{5x-6} > -\frac{2x}{25x-30}$

d) $\frac{p-2}{12p+20} - \frac{2p-1}{27p+45} \geqq \frac{1}{18}$

7 Das Aufllösen von Formeln

Beispielaufgabe

Du kennst vielleicht die Formel: Geschwindigkeit = $\frac{\text{Weg}}{\text{Zeit}}$,
oder mit den üblichen Symbolen der Physik: $v = \frac{s}{t}$.
Diese Formel soll nach t aufgelöst werden. Wir gehen dabei vor wie beim Lösen einer Bruchgleichung mit der Unbekannten t. Und wir gehen davon aus, dass alle Variablen positiv sind. Wir brauchen uns also über die Definitionsmenge keine Gedanken zu machen.

$v = \frac{s}{t}$ — Mit dem Nenner multiplizieren, um den Bruch zu beseitigen.

$v \cdot t = s$ — Durch v dividieren.

$t = \frac{s}{v}$ — Es ist nicht üblich, die Lösung in der Form einer Lösungsmenge anzugeben.

Übung 1

Löse nach I auf.

$R = \frac{U}{I}$	Mit dem Nenner multiplizieren, um den Bruch zu beseitigen.
$U =$ ______________________	Durch R dividieren, um I zu erhalten.
$I =$ ______________________	

Beispielaufgabe

Löse nach R_1 auf.

$\frac{U_1}{U} = \frac{R_1}{R_1 + R_2}$	Mit dem Hauptnenner multiplizieren (oder kreuzweise multiplizieren).
$U_1(R_1 + R_2) = UR_1$	Ausmultiplizieren.
$U_1R_1 + U_1R_2 = UR_1$	Alle Glieder mit R_1 nach links.
$U_1R_1 - UR_1 = -U_1R_2$	R_1 ausklammern.
$R_1(U_1 - U) = -U_1R_2$	Durch die Klammer dividieren.
$R_1 = \frac{-U_1 R_2}{U_1 - U}$	Bruch mit −1 erweitern.
$R_1 = \frac{U_1R_2}{U - U_1}$	Fertig.

Übung 2

Löse nach R_1 auf.

$\frac{1}{R} = \frac{1}{R_1} + \frac{1}{R_2}$	Mit dem Hauptnenner multiplizieren.
______________________	Alle Glieder mit R_1 nach links.
______________________	R_1 ausklammern.
$R_1 =$ ____________	Durch die Klammer dividieren.

Übung 3

Löse die Formel nach jeder Variablen auf. Alle Variablen seien positiv.

a) $A = \frac{1}{2} \cdot g \cdot h$

b) $A = h \cdot \frac{a + c}{2}$

c) $u = 2\pi r$

d) $p = \frac{F}{A}$

e) $m = \frac{y_2 - y_1}{x_2 - x_1}$

f) $\frac{1}{f} = \frac{1}{g} + \frac{1}{b}$

Lineare Funktionen

1 Zuordnungen – Funktionen

A Zuordnungen beschreiben Zusammenhänge

An der Preistafel im Einkaufszentrum stehen Angaben, bei denen eine Größe, z. B. das Gewicht (die Masse), einer anderen Größe, z. B. dem Preis oder der Stückzahl, zugeordnet wird. Solche **Zuordnungen** zwischen Größen findest du überall im täglichen Leben. Einige dir sicher bekannte Beispiele sind die Zuordnungen zwischen:

1 einer Masse z. B.: 1 kg Erdbeeren	und und	dem Preis 1,45 €
2 einer Fahrstrecke z. B.: 100 km	und und	dem Kraftstoffverbrauch 7,3 l
3 einer Tageszeit z. B.: 7 Uhr	und und	der Temperatur 16°C
4 einer Zahl z. B.: 8	und und	den Teilern dieser Zahl 1; 2; 4; 8

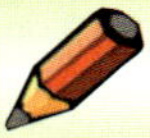

Übung 1

Den vorgegebenen Beispielen sollst du jeweils einen Begriff aus dem Kasten zuordnen. Bei einigen Beispielen sind mehrere Möglichkeiten richtig.

Preis\Temperatur\Umfang\Diagonale\Fläche\Zeit\Kraftstoffverbrauch\Material

a) Fahrstrecke eines Taxis:

____

b) Radius eines Kreises:

____

c) Luftdruck des Fahrradschlauches:

____

d) Seitenlänge eines Quadrates:

____

B Funktionen lassen sich grafisch darstellen

In einer Großstadt wurde die Tagestemperatur in der Zeit von 6.00 Uhr bis 20.00 Uhr in einem Abstand von zwei Stunden gemessen. Alle Messungen sind in der **Wertetabelle** eingetragen.

Uhrzeit	6	8	10	12	14	16	18	20
Temperatur (in °C)	7	9	10	11	13	12	10	8

In einer Wertetabelle werden immer zwei Größen einander zugeordnet. In unserem Beispiel wird jeder Uhrzeit **genau eine** Temperatur zugeordnet. Dadurch entstehen Wertepaare. Alle Wertepaare des Beispiels heißen:

Uhrzeit

(6; 7) (8; 9) (10; 10) (12; 11) (14; 13) (16; 12) (18; 10) (20; 8)

Temperatur

Solche Zahlenpaare kannst du als Punkte in einem Diagramm darstellen.

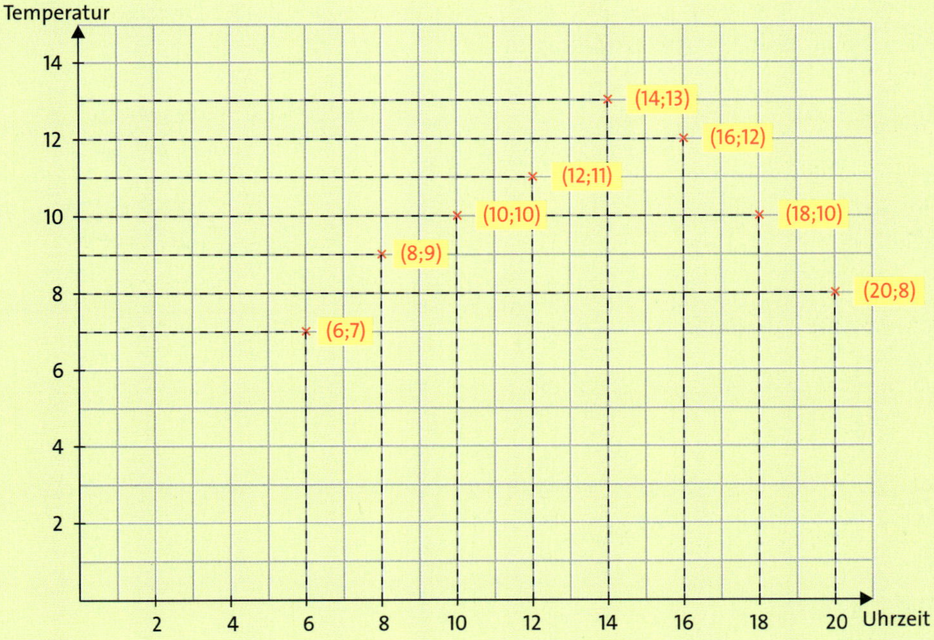

Alle Zahlenpaare, die du als Punkte dargestellt hast, gehören zu einer Funktion. Es ist eine Funktion, die jeder Uhrzeit genau eine Temperatur zuordnet. Sehr oft verbindet man auch die erhaltenen Punkte miteinander, um zu zeigen, dass ständig eine solche Zuordnung vorgenommen werden kann. In der Darstellung rechts siehst du eine solche „Verbindungslinie", die **Graph** einer Funktion genannt wird.

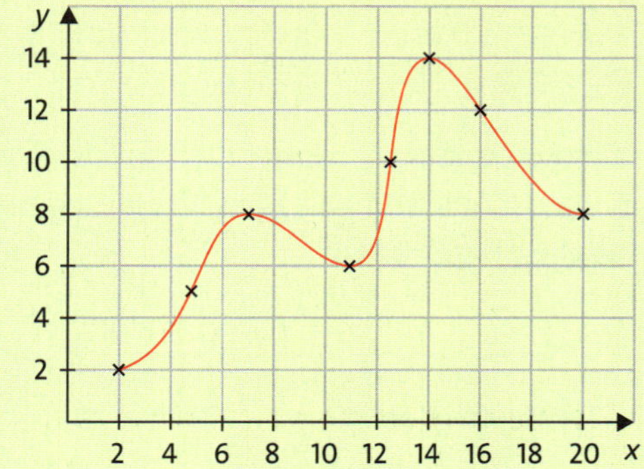

! Du musst wissen: Jede Funktion lässt sich im Koordinatensystem darstellen. Die dabei entstehende Kurve heißt **Graph** der Funktion.

Für das weitere Arbeiten mit Funktionen wollen wir vereinbaren, die Punkte der Graphen immer als geordnete Paare $(x;y)$ anzugeben. Für jeden beliebigen Punkt gibst du immer in der Klammer als erste Zahl x und als zweite Zahl y an.
Für den Punkt P (2;5) gilt dann: $x = 2$ und $y = 5$.

Übung 2

Wir ordnen jeder natürlichen Zahl 1; 2; 3; 4; 5; 6 ihr Zweifaches zu. Diese Zuordnung ist eine Funktion, denn es wird jeder Zahl genau eine andere Zahl zugeordnet. In der Wertetabelle sind die Zahlenpaare eingetragen.

natürliche Zahl	1	2	3	4	5	6	Rechts-Achse (1. Achse)
Zweifaches dieser Zahl	2	4	6	8	10	12	Hoch-Achse (2. Achse)

a) Schreibe die Zahlenpaare einzeln auf.

(1 ; 2) (2 ;) (3 ;)
(; 8) (;) (;)

b) Zeichne in dein Übungsheft ein Diagramm. Wähle für eine Einheit zwei Kästchen (1 cm) und trage die Wertepaare als Punkte ein.

Übung 3

Zu einer Funktion gehört die Menge folgender geordneter Zahlenpaare:
(3;1), (6;2), (9;3), (12;4), (15;5), (18;6).

a) Vervollständige mit diesen Zahlenpaaren die Wertetabelle.
Die erste Zahl in der Klammer nennen wir x und die zweite y.

x	3	6	9			18
y	1			4	5	

b) Stelle auch diese Wertepaare als Punkte in dem Diagramm aus Übung 2 dar. Wähle für diese Punkte eine andere Farbe.

c) Verbinde die Punkte miteinander. Alle Punkte liegen auf einer Geraden.

Mit Hilfe des Koordinatensystems kannst du jedem Zahlenpaar genau einen Punkt deines Heftblattes zuordnen. Dazu musst du dir Folgendes gut einprägen:

!

- Jeder Punkt *P* hat zwei Koordinaten. Wir nennen sie *x* und *y* und schreiben

  $P(x;y)$

  Koordinaten

- Die *x*-Koordinate nennt man **Abszisse**.
  Die *y*- Koordinate nennt man **Ordinate**.

Übung 4

a) Zeichne die Punkte in das Koordinatensystem.

A (2; 3) *B* (3; 2) *C* (2,5; 1) *D* (2; 1,5) *E* (–2; 3)
F (–5; –2) *G* (–3; –4) *H* (2; –2) *I* (3,5; –3,5) *K* (–3; 2,5)

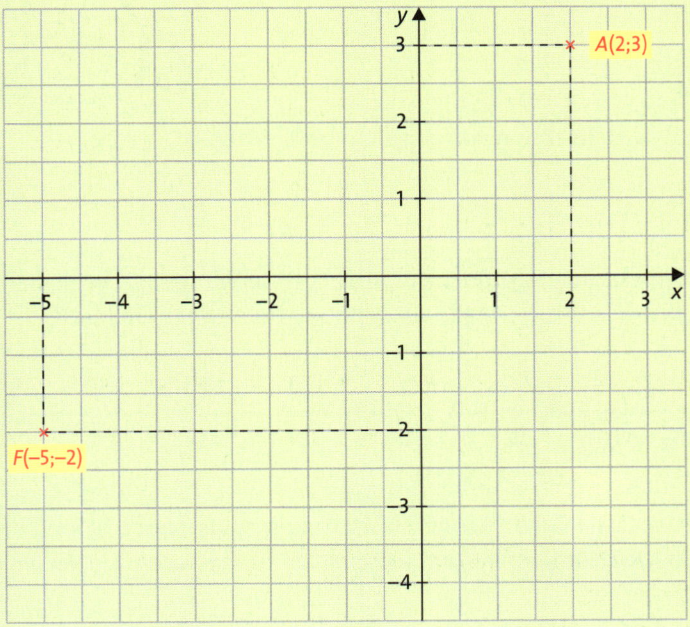

b) Lies aus dem Koordinatensystem die fehlenden Koordinaten des jeweiligen Punktes ab.

P (2 ; 5)	D (−4 ;)	G (; −3)	H (; −3)
S (0 ;)	R (; 7)	Z (4 ;)	L (−3 ;)
M (4 ;)	N (; −5)	A (;)	E (;)
F (;)	B (;)		

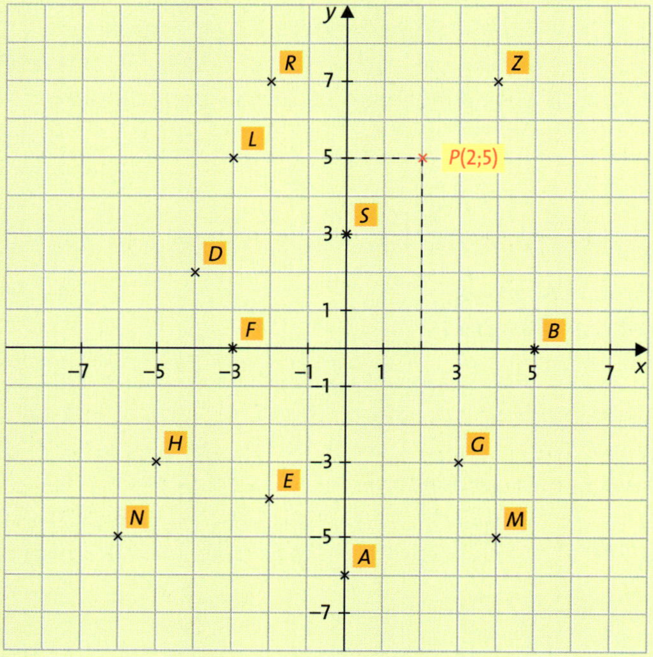

Nun können wir uns mit dem Zeichnen von Graphen beschäftigen.

Beispielaufgaben

a) Klaus hat ein Experiment durchgeführt. Er hat eine Federwaage mit verschiedenen Gewichten belastet und die Längenausdehnung der Feder gemessen.

Gewicht (in N)[1]	50	100	150	200	250	300
Längenausdehnung (in cm)	10	20	30	40	50	60

Hier wird der Größe Gewicht die Größe Längenausdehnung zugeordnet. Beim Eintragen der Wertepaare in ein Koordinatensystem liegen alle Punkte nach dem Verbinden auf einer Geraden.

[1] In der Physik wird zwischen der Masse, gemessen in kg, und der Gewichtskraft, gemessen in Newton (N), unterschieden. Einer Masse von 1 kg entspricht auf der Erde eine Gewichtskraft von ca. 10 N.

Der **Zusammenhang** zwischen **Gewicht** und **Längenausdehnung** ist eine **Funktion**, weil jedem Gewicht **genau eine** Längenausdehnung zugeordnet ist.

b) Herr Genau hat in der letzten Zeit beim Tanken seines PKW mit Superkraftstoff immer auf runde Summen geachtet. Aus den letzten fünf Quittungen geht Folgendes hervor:

getankter Kraftstoff (in l)	10	20	30	40
Preis (in €)	11	22	33	44

Herr Genau hat der Kraftstoffmenge den Preis zugeordnet.

Kraftstoff → Preis

Der **Zusammenhang** zwischen **Kraftstoff** und **Preis** ist eine **Funktion**, weil jeder Kraftstoffmenge **genau ein** Preis zugeordnet ist.

Übung 5

Zu der Funktion, die den Zusammenhang zwischen Kraftstoffmenge und Preis beschreibt, sollst du den Graphen zeichnen. Trage dazu die Wertepaare der Tabelle aus Beispiel b) in das vorgegebene Koordinatensystem ein. Verbinde die Punkte mit geraden Linien.

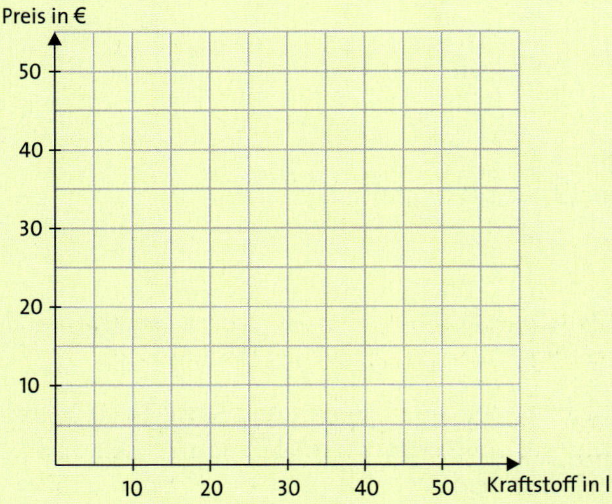

2 Direkte Proportionalität

A Von der direkten Proportionalität zur Funktion

Wenn ein PKW zum Beispiel mit unveränderter Geschwindigkeit von 100 $\frac{\text{km}}{\text{h}}$ auf der Autobahn fährt, so gehört zu jeder Fahrzeit t **genau eine** Fahrstrecke s. Zwischen Zeit und Weg besteht eine **eindeutige** Zuordnung.

! Eindeutige Zuordnungen nennen wir Funktionen.

Der Weg s ist eine Funktion der Zeit t. Die Wertetabelle zeigt an einigen Beispielen den Zusammenhang zwischen dem Weg s und der Zeit t. (Hier gilt: $t \triangleq x$ und $s \triangleq y$.)

t (in h)	0,5	1	1,5	2	2,5	3
s (in km)	50	100	150	200	250	300
$\frac{s}{t}$ (in $\frac{\text{km}}{\text{h}}$)	100	100	100	100	100	100

In der dritten Zeile haben wir den Quotienten $\frac{s}{t}$ eingetragen.
Dieser ist immer gleich: $\frac{s}{t} = 100\,\frac{\text{km}}{\text{h}}$.

! Weg und Zeit sind bei gleichbleibender Geschwindigkeit direkt proportional zueinander.

Für unser Beispiel gilt: $\frac{s}{t} = 100$.
Diese Gleichung stellen wir nach s um.
Dazu multiplizieren wir beide Seiten der Gleichung mit t.

Wir erhalten:

$$\frac{s}{t} = 100 \quad | \cdot t$$

$$\frac{s}{t} \cdot t = 100 \cdot t$$

$$s = 100 \cdot t$$

Diese Gleichung beschreibt den Zusammenhang zwischen Weg und Zeit. Weil dieser Zusammenhang eine eindeutige Zuordnung ist, beschreibt diese Gleichung eine Funktion. Du schreibst:

$s = f(t) = 100 \cdot t$ (Du liest: s [der Weg] ist eine Funktion von t [der Zeit].)

Du kannst somit Funktionen nicht nur mit Hilfe von geordneten Wertepaaren (Wertetabelle) darstellen, sondern auch mit Hilfe einer Gleichung der Form:

$y = f(x) = m \cdot x$ ($m \neq 0$)

In unserem Beispiel ist der Faktor m gleich 100.
Dieser Faktor m heißt **Proportionalitätsfaktor**.
Vergleiche nochmals die allgemeine Form der Gleichung mit unserem Beispiel!

$y = f(x) = m \cdot x$	(allgemeine Form)
| | | |	
$s = f(t) = 100 \cdot t$	(Beispiel)

Proportionalitätsfaktor → $m = 100$ (entspricht der Geschwindigkeit 100 $\frac{km}{h}$)

Für die weitere Arbeit mit Gleichungen für Funktionen wollen wir folgende Kurzschreibweise verwenden:

– Ausführliche Schreibweise: $y = f(x) = m \cdot x$
– Kurzschreibweise: $y = m \cdot x$

($m \neq 0$)

In manchen Büchern findest du auch folgende Schreibweisen:
f: $y = m \cdot x$ oder
f: $x \rightarrow m \cdot x$.
Die Kurzform für unser Beispiel $s = f(t) = 100 \cdot t$ heißt $s = 100 \cdot t$.

Mit der Gleichung $s = 100 \cdot t$ kannst du beliebig viele Wertpaare zu der Funktion berechnen, die den Zusammenhang zwischen Weg und Zeit bei unveränderter Geschwindigkeit beschreibt. Wir rechnen dir dazu zwei Beispiele vor:

1. $t = 2 \Rightarrow s = 100 \cdot 2 = 200$; Wertepaar (2;200)
2. $t = 0{,}5 \Rightarrow s = 100 \cdot 0{,}5 = 50$; Wertepaar (0,5;50)
3. $t = 1 \Rightarrow$ ________________; Wertepaar (____;____)
4. $t = 1{,}5 \Rightarrow$ ________________; Wertepaar (____;____)
5. $t = 2{,}5 \Rightarrow$ ________________; Wertepaar (____;____)
6. $t = 3 \Rightarrow$ ________________; Wertepaar (____;____)

Wenn du richtig gerechnet hast, dann müssten alle Wertepaare mit denen in der Wertetabelle übereinstimmen. Vergleiche deine Ergebnisse mit denen in der Wertetabelle. Erhältst du ein anderes Ergebnis, dann rechne nochmals nach.

Übung 1

Zeichne nun die Wertepaare 1 bis 6 als Punkte in das Koordinatensystem.

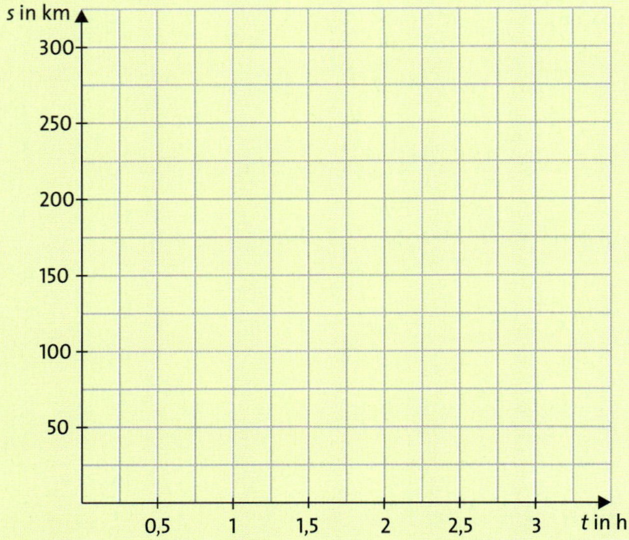

Mit Zwischenwerten von *t* würde man beliebig viele weitere Punkte erhalten, die alle auf einer Geraden liegen.
Zeichne die Gerade ein.

Der von dir gezeichnete Graph (die Gerade) ist eine weitere Möglichkeit zur Darstellung der Funktion $s = 100 \cdot t$.
An dem Beispiel der eindeutigen Zuordnung von Weg und Zeit haben wir dir drei Möglichkeiten gezeigt, wie du eine Funktion darstellen kannst:

Funktionen kannst du darstellen:
- als geordnete Zahlenpaare (Wertetabelle),
- als Gleichung, z. B. $y = f(x) = m \cdot x$ ($m \neq 0$),
- als Graph im Koordinatensystem.

Übung 2

a) Stelle die Funktion (eindeutige Zuordnung) der Zahlenfolgen *x* und *y* als Gleichung dar.

Arbeitsschritte:
1. Quotienten berechnen.
2. Quotienten vergleichen.
3. Proportionalitätsfaktor $m = \frac{y}{x}$ festlegen.
4. Proportionalitätsfaktor m in die Gleichung $y = m \cdot x$ einsetzen.

Folge der Zahlen	x	0,5	1	2,5	3	3,5
Folge der Zahlen	y	1	2	5	6	7
	$\frac{y}{x}$					

1. Schritt: Quotienten berechnen. $\frac{1}{0,5} = 2, \frac{2}{1} = 2, \ldots$

2. Schritt: Quotienten vergleichen. Alle Quotienten sind ______________.

3. Schritt: Proportionalitätsfaktor $m = \frac{y}{x}$ festlegen. $m = \square$

4. Schritt: In die Gleichung $y = m \cdot x$ für m den errechneten Quotienten einsetzen. $y = \square \cdot x$

Das ist die Gleichung der Funktion $y = f(x)$.

b)

Folge der Zahlen	x	−2	3	7	12	15
Folge der Zahlen	y	−1,5	2,25	5,25	9	11,25
	$\frac{y}{x}$					

Ergebnis: $y = \square \cdot x$

c) Zeichne die Graphen (die Geraden) zu den Wertetabellen der Übungen a) und b) in deinem Übungsheft in ein Koordinatensystem. Verwende unterschiedliche Farben und schreibe an jeden Graphen die zugehörige Gleichung.

B Der Verlauf des Graphen der Funktion $y = f(x) = m \cdot x \; (m \neq 0)$

! Zu einer Funktion mit der Gleichung $y = m \cdot x$ ($m \neq 0$) gehört immer ein Graph, der **eine Gerade** ist. Diese Gerade verläuft immer **durch den Koordinatenursprung**, den Punkt (0;0).

m heißt Anstiegsfaktor oder Steigung. Wie der Wert von m die Steilheit der Geraden bestimmt, sollst du mit folgenden Aufgaben selbst herausfinden, zunächst für positive Werte von m.

Übung 3

a) Vervollständige die Wertetabellen zu den Funktionen.

$y = 1,5 \cdot x$

x	−3	−2	−1	0	1	2	3	4
y	−4,5	−3						

$y = 0,5 \cdot x$

x	−6	−4	−2	0	2	4	6
y	−3						

$y = \frac{2}{3} \cdot x$

x	−6	−3	0	3	6
y					

$y = 1 \cdot x$

x	−4	−3	−2	0	1	2	3
y							

b) Zeichne mit Hilfe der Wertetabellen die Graphen zu den Funktionen der Aufgabe a). Schreibe an jeden Graphen die zugehörige Gleichung.
Die römischen Zahlen bezeichnen die Quadranten des Koordinatensystems.

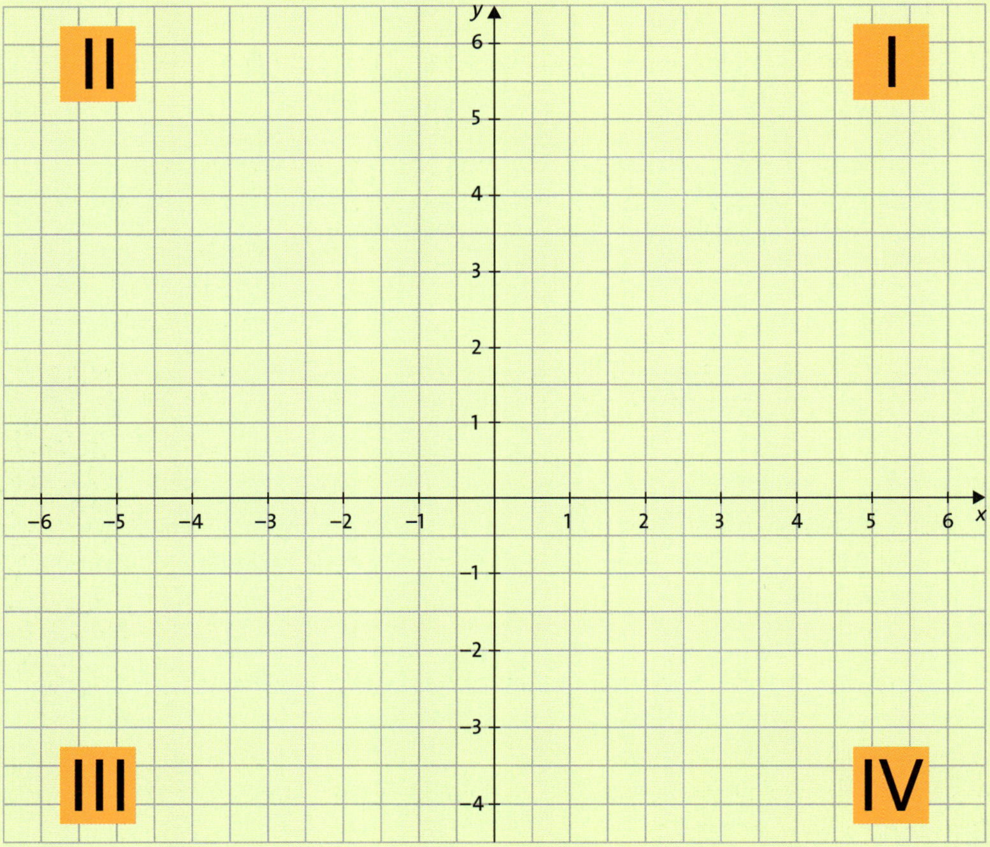

Wenn du alle Graphen richtig gezeichnet hast, dann wirst du feststellen:

1. Alle Graphen verlaufen durch den Koordinatenursprung, den Punkt $P\,(0;0)$.
2. Alle Geraden liegen im III. und I. Quadranten.
3. Alle Geraden steigen vom III. in den I. Quadranten.
4. Alle Geraden steigen unterschiedlich steil. Sie haben alle einen anderen Anstieg m.
5. Die Gerade zur Gleichung $y = 1 \cdot x$ halbiert den I. und III. Quadranten. Der Winkel zwischen der x-Achse und der Geraden ist der Anstiegswinkel. Er ist genau 45°. Miss nach!

Für alle Graphen der Funktionen mit der Gleichung $y = m \cdot x$ ($m > 0$) gilt:
- Die Graphen zu diesen Funktionen sind Geraden.
- Diese Geraden verlaufen alle durch den Koordinatenursprung.
- Die Geraden steigen alle vom III. in den I. Quadranten.
- Je größer der Anstieg *m* ist, desto steiler verläuft die Gerade.

Wir setzen dabei voraus, dass für *x* beliebige rationale Zahlen zulässig sind.
(Wären es z. B. nur ganze Zahlen, würde man statt einer Geraden nur einzelne Punkte einer Geraden erhalten.)
Als nächstes betrachten wir Geraden mit negativen Werten von *m*.

Übung 4

Ergänze die Wertetabellen und zeichne die Graphen in ein Koordinatensystem.

a) $y = -2 \cdot x$

x	−2	−1,5	−0,5	+0,5	1,5	2
y		+3				

b) $y = -\frac{1}{2} \cdot x$

x	−8	−6	−4	0	2	4
y	+4					

c) $y = -x$

x	−7	−5	−3	0	1	2
y						

d) $y = -\frac{3}{2} \cdot x$

x	−6	−4	−2	0	2	4
y						

Die Besonderheiten dieser Geraden kannst du schon selbst finden und nennen.
Ergänze dazu den Lückentext:

1. Alle Geraden verlaufen durch ________________ .
2. Alle Geraden liegen im ________________ und ________________ .
3. Alle Geraden fallen vom ________________ in den ________________ .
4. Alle Geraden ________________________ unterschiedlich steil.
5. Die Gerade zur Funktion $y = -x$ halbiert den ______________ und ______________ .

Zwei Punkte genügen!

Die Lage einer Geraden wird schon mit zwei Punkten genau bestimmt. Diese Tatsache wollen wir beim Zeichnen der Graphen zu den Funktionen der Form $y = m \cdot x$ ($m \neq 0$) nutzen.
Du weißt, dass alle Graphen solcher Funktionen Geraden sind, die durch den Koordinatenursprung verlaufen. Damit kennst du bereits einen Punkt, durch den die Geraden verlaufen müssen. Dieser Punkt *P* hat die *x*-Koordinate 0 und die *y*-Koordinate 0.
Du schreibst: *P* (0;0).

! *P* (0;0) ist ein Punkt, durch den die Geraden verlaufen.

Du musst also nur noch einen zweiten Punkt berechnen.

Übung 5

Zeichne die Geraden zu den Gleichungen mit Hilfe von nur zwei Punkten in ein Koordinatensystem.

a) $y = -1{,}5 \cdot x$ $\quad P_1$ (______ ; ______) Koordinatenursprung

Berechnung von P_2: Wenn $x =$ ______ ist, dann ist $y = -1{,}5 \cdot$ ______

$y =$ ______ $\quad P_2$ (______ ; ______)

b) $y = 0{,}25 \cdot x$ $\quad P_1$ (______ ; ______) Koordinatenursprung

Berechnung von P_2: Wenn $x =$ ______ ist, dann ist $y = 0{,}25 \cdot$ ______

$y =$ ______ $\quad P_2$ (______ ; ______)

Rechenvorteil! Wenn *m* ein gemeiner Bruch ist, dann setzt du für *x* immer die Zahl des Nenners ein. Dadurch kürzt sich der Nenner heraus und du erhältst eine ganze Zahl für *y*. Zum Beispiel: $y = \frac{3}{5}x \Rightarrow m = \frac{3}{5}$. Der Nenner ist 5 und wird für *x* in die Gleichung eingesetzt: $y = \frac{3}{5} \cdot 5 = 3$. Also heißt ein Punkt (5;3).

Übung 6

Zeichne die Geraden zu den Gleichungen. Nutze den Rechenvorteil.

a) $y = \frac{4}{3} \cdot x$ **b)** $y = \frac{3}{2} \cdot x$ **c)** $y = \frac{1}{6} \cdot x$

d) $y = -\frac{5}{4} \cdot x$ **e)** $y = -\frac{4}{7} \cdot x$ **f)** $y = \frac{3}{8} \cdot x$

Steigungsdreieck

Eine weitere Möglichkeit zum Zeichnen des Graphen einer Funktion mit der Gleichung $y = m \cdot x$ ($m \neq 0$) ist das Nutzen des Anstiegsfaktors *m* zum Finden des zweiten Punktes.

Beispielaufgabe

Es ist der Graph zur Funktion mit der Gleichung $y = \frac{4}{5} \cdot x$ zu zeichnen. Der Anstieg *m* ist größer als null.
Alle Graphen zu dieser Form von Gleichungen verlaufen durch den Punkt $P_1(0;0)$.
Den zweiten Punkt findest du mit Hilfe des Anstiegsfaktors $m = \frac{4}{5}$.
Er sagt dir: 5 Einheiten nach rechts, 4 Einheiten nach oben.
Dabei entsteht ein Dreieck (farbige Fläche). Man nennt es das „Steigungsdreieck".
Vergleiche mit der Abbildung.

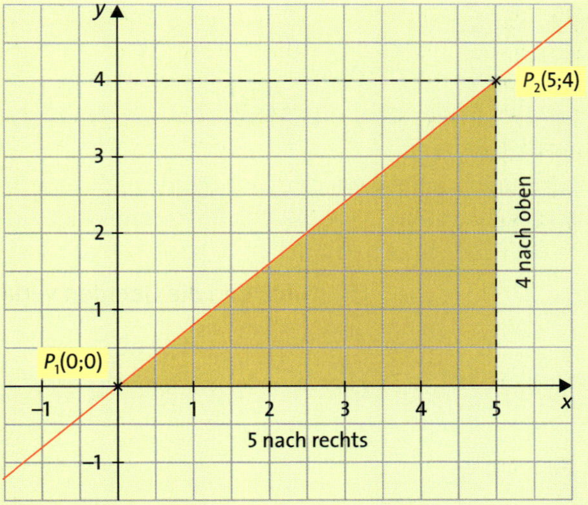

Wenn *m* ein Bruch ist, der größer als null ist, dann sagt mir der **Zähler**, wie viele Einheiten ich **nach oben** gehen muss.
Der **Nenner** sagt mir, wie viele Einheiten ich **nach rechts** gehen muss.

Übung 7

Zeichne die Graphen zu den folgenden Funktionen mit Hilfe des Anstiegsfaktors *m*.
Die Lückentexte sollen dir dabei helfen.

a) $y = \frac{3}{7} \cdot x$ Die Gerade verläuft durch den Koordinatenursprung,

also durch den Punkt P_1(______;______).

Der Anstiegsfaktor heißt: m = ____________

Der Zähler des Anstiegsfaktors sagt mir, ich muss ______Einheiten

nach ____________ gehen.

Der gesuchte Punkt heißt: P_2(______;______).

Bearbeite nach dem gleichen Schema folgende Aufgaben.

b) $y = \frac{4}{3} \cdot x$

c) $y = \frac{1}{3} \cdot x$

m < 0
Wenn der Anstiegsfaktor *m* eine negative Zahl ist, so findest du den zweiten Punkt, indem du die Zahl des Zählers nach unten abträgst.

Beispielaufgabe

$y = -\frac{4}{7} \cdot x$

Der Nenner ist 7, also gehst du 7 Einheiten nach rechts.
Vor dem Bruch steht ein Minus, also musst du mit den 4 Einheiten des Zählers nach unten gehen.
Auch hier entsteht wieder das Steigungsdreieck (farbige Fläche).
Vergleiche mit der Darstellung im Koordinatensystem.

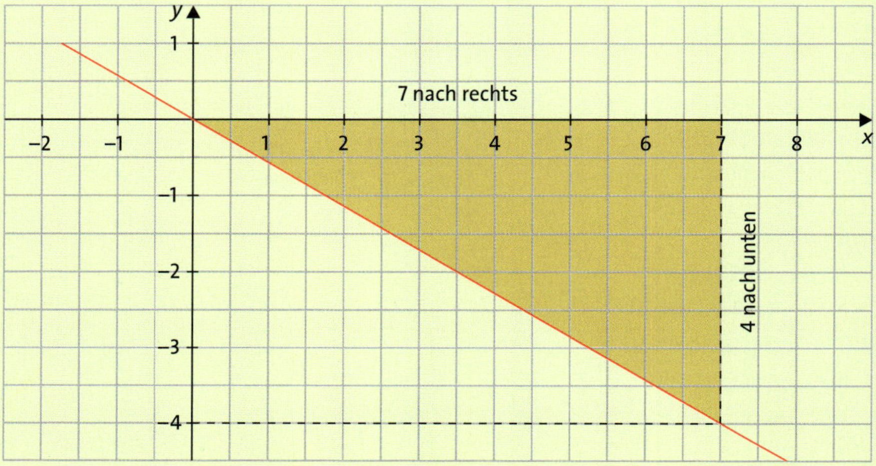

Übung 8

Zeichne die Graphen der Funktionen mit Hilfe des Anstiegsfaktors *m* in dein Heft.

a) $y = -\frac{1}{3} \cdot x$ **b)** $y = -\frac{2}{5} \cdot x$ **c)** $y = -\frac{7}{2} \cdot x$

d) $y = -\frac{5}{8} \cdot x$ **e)** $y = -\frac{4}{3} \cdot x$ **f)** $y = -\frac{3}{4} \cdot x$

Zusammenfassung

1. Zuordnungen beschreiben Zusammenhänge.
2. Eine eindeutige Zuordnung zwischen zwei Größen x und y (jedem x-Wert wird genau ein y-Wert zugeordnet) heißt Funktion.
   Man schreibt: $y = f(x) = m \cdot x$
   Kurzform: $y = m \cdot x$
3. Die Gleichung $y = m \cdot x$ nennt man auch Funktionsgleichung.
4. Zu jeder Funktionsgleichung $y = m \cdot x$ gehört ein Graph. Dieser ist eine Gerade, wenn für x alle rationalen Zahlen zugelassen werden.
5. Alle Geraden zur Gleichung $y = m \cdot x$ verlaufen durch den Punkt $P(0;0)$, den Koordinatenursprung.

6. Zu jedem Punkt der Geraden gehört ein Wertepaar. Ein Punkt wird immer durch zwei Koordinaten bestimmt: $P(x; y)$.
7. Zum Zeichnen des Graphen (der Geraden) benötigt man mindestens zwei verschiedene Punkte.
8. Der Anstieg m entscheidet darüber, ob die Gerade vom II. in den IV. Quadranten ($m < 0$) oder vom III. in den I. Quadranten ($m > 0$) verläuft.
9. Der Anstiegsfaktor m bestimmt die Steilheit der Geraden.

3 Die allgemeine lineare Funktion

A Die Funktion $y = f(x) = m \cdot x + n$ ($m; n \neq 0$)

In diesem Kapitel wollen wir uns mit solchen linearen Funktionen beschäftigen, deren Graphen auch Geraden sind, aber nicht durch den Koordinatenursprung (0;0) verlaufen.

Beispielaufgabe

Der Fahrpreis für eine Fahrt mit dem Taxi berechnet sich aus einer feststehenden Grundgebühr (2,40 €) und dem Kilometerpreis (1,25 €). In der Tabelle sind verschiedene Fahrstrecken den Fahrpreisen zugeordnet.

Fahrstrecke (in km)	1	5	10	15
Grundgebühr + Kilometerpreis = Fahrpreis (in €)	2,40 + 1,25 3,65	2,40 + 6,25 8,65	2,40 + 12,50 14,90	2,40 + 18,75 21,15

Da jeder Fahrstrecke genau ein Fahrpreis zugeordnet ist, können wir sagen, dass der Fahrpreis eine Funktion der Fahrstrecke ist. Der Graph, der zu dieser Funktion gehört, ist im Koordinatensystem auf Seite 40 dargestellt. Hier sind nur nichtnegative Werte der Fahrstrecke sinnvoll.

Alle Wertepaare der Wertetabelle bezeichnen Punkte, die auf einer Geraden liegen, die nicht durch den Koordinatenursprung verläuft. Diese Gerade ist der Graph der Funktion, die für jede Fahrstrecke den Fahrpreis angibt. Die Funktion zu diesem Graphen lässt sich mit einer Gleichung beschreiben.

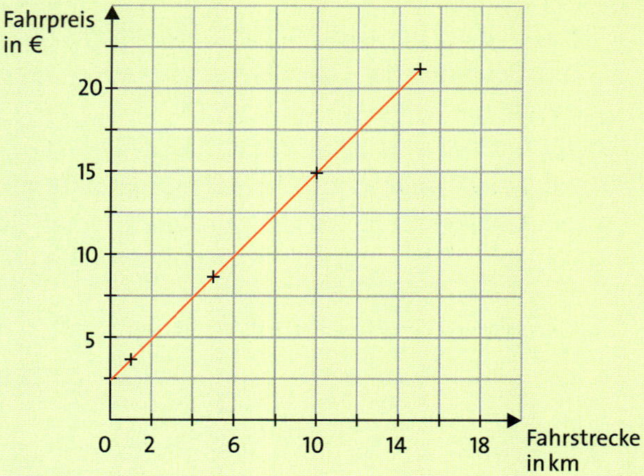

Dazu legen wir fest:

1. x ist der Zahlenwert für die Fahrstrecke (in km).
2. y ist der Zahlenwert für den Fahrpreis (in €).

Die Gleichung für die Funktion lautet dann:

$$y = f(x) = 1{,}25 \cdot x + 2{,}40$$

Kilometerpreis ($1{,}25$) Anzahl der Kilometer (x) Grundgebühr ($2{,}40$)

Mit dieser Gleichung kannst du nun weitere Fahrpreise berechnen.

Beispiel: $x = 3$ (Fahrstrecke von 3 km)

$y = 1{,}25 \cdot 3 + 2{,}40 = 6{,}15$ (Fahrpreis für 3 km)

Diesen Preis kannst du ungefähr im Koordinatensystem ablesen.

Übung 1

Berechne weitere Fahrpreise! Vergleiche mit den Werten im Koordinatensystem.

$x = 6 \rightarrow y = 1{,}25 \cdot$ ________ $+$ $2{,}40$ $=$ ________

$x = 8 \rightarrow y = 1{,}25 \cdot$ ________ $+$ $2{,}40$ $=$ ________

$x = 11 \rightarrow y = 1{,}25 \cdot$ ________ $+$ ________ $=$ ________

$x = 2 \rightarrow y = 1{,}25 \cdot$ ________ $+$ ________ $=$ ________

Alle Funktionen, die sich mit einer Gleichung der Form
$y = f(x) = m \cdot x + n$
beschreiben lassen, heißen **lineare Funktionen**.

Andere Bücher verwenden andere Bezeichnungen, z. B. $y = a \cdot x + b$ oder $y = m \cdot x + t$.

Die lineare Funktion der Form $y = f(x) = m \cdot x$ kennst du schon und weißt, dass der Faktor m der Anstieg der Funktion ist.
Die lineare Funktion der Form $y = f(x) = m \cdot x + n$ hat nicht nur den Faktor m, sondern auch noch den Summanden n. Diesen Summanden nennt man das Absolutglied der Funktion.

Unser Taxibeispiel

$y = 1{,}25 \cdot x + 2{,}40$ ist eine Funktion der Form

Allgemeine Form

$y = m \cdot x + n$

2,40 ist das Absolutglied n

1,25 ist der Anstieg m

Zu $y = m \cdot x + n$ mit $n \neq 0$ gehört eine Gerade, die **nicht** durch den Koordinatenursprung verläuft.

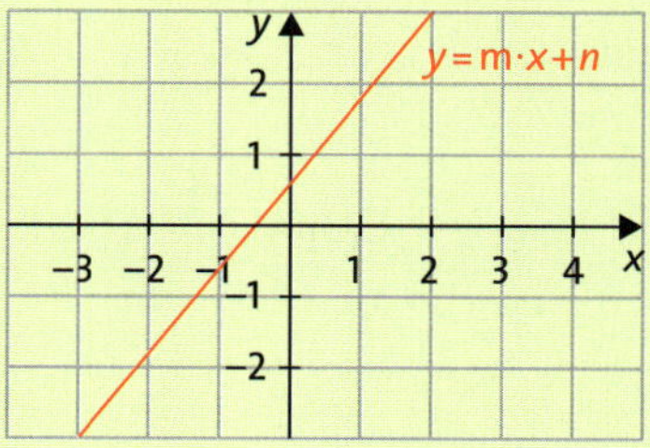

1. Sonderfall:
$n = 0$ und $m \neq 0$
Dann gilt:
$y = m \cdot x + 0$

$y = m \cdot x$

Das ist die Gleichung einer **direkten Proportionalität**. Zu ihr gehört eine Gerade, die durch den Koordinatenursprung verläuft.

Beispiele: $m = -\frac{2}{3}$ und $m = 2{,}5$

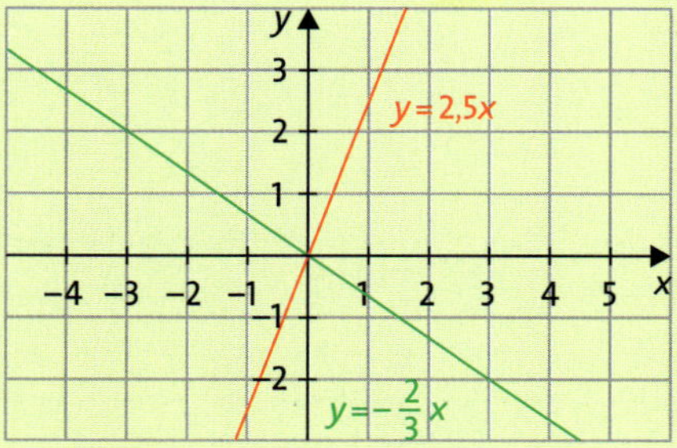

2. Sonderfall:
$m = 0$ und $n \neq 0$
Dann gilt:
$y = 0 \cdot x + n$

$y = n$

Das ist die Gleichung einer **konstanten** Funktion. Zu ihr gehört eine Gerade, die parallel zur x-Achse verläuft. (Für $y = 0$ fällt die Gerade mit der x-Achse zusammen, wenn man $n = 0$ zulässt.)

Beispiele: $n = 2$ und $n = -2{,}5$

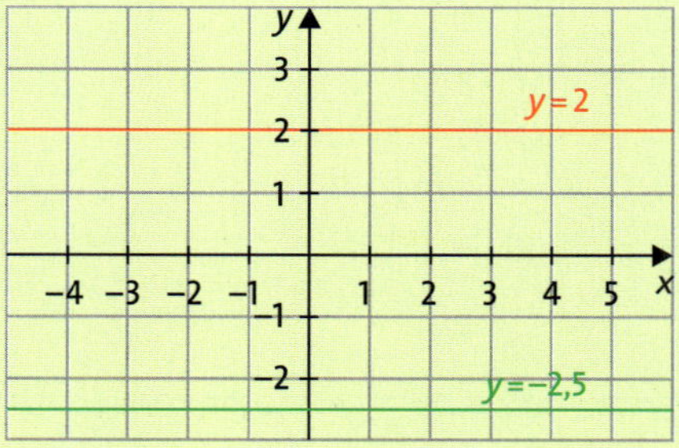

An dem Beispiel $y = 2 \cdot x + 3$ sollst du überprüfen, ob auch zu dieser Funktion eine Gerade gehört, die nicht durch den Koordinatenursprung verläuft.
Dazu stellst du dir zunächst eine Wertetabelle auf. Für x wollen wir die Zahlen $-2; -1; 0; +1; +2; +3$ in die Gleichung einsetzen.
Wertetabelle für die Funktion $y = 2 \cdot x + 3$:

x	-2	-1	0	$+1$	$+2$	$+3$
y	-1	$+1$	$+3$	$+5$	$+7$	$+9$

In dem Koordinatensystem sind alle Wertepaare aus der Wertetabelle als Punkte dargestellt. Du erkennst, dass alle Punkte auf einer Geraden liegen, die **nicht** durch den Koordinatenursprung verläuft.

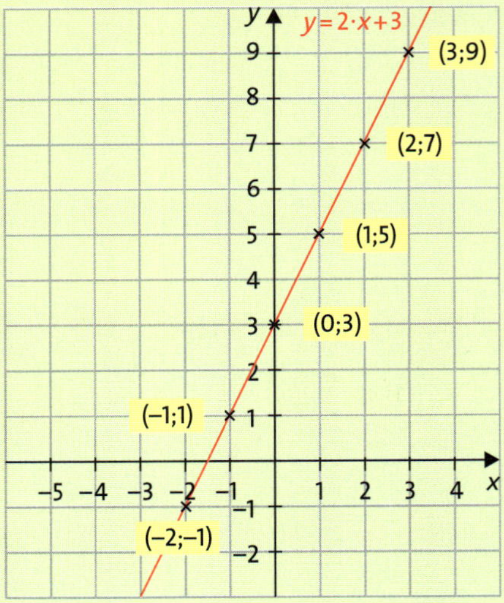

Hier noch zwei wichtige Begriffe:
Alle möglichen *x*-Werte werden in der **Definitionsmenge** $\mathbb{D}$ zusammengefasst.
In anderen Büchern wird die Definitionsmenge auch Definitionsbereich, die Wertemenge auch Wertebereich genannt. Alle sich daraus ergebenden *y*-Werte werden in der **Wertemenge** $\mathbb{W}$ zusammengefasst. Wenn nichts anderes gesagt wird, ist bei linearen Funktionen die Definitionsmenge die Menge der rationalen Zahlen; $\mathbb{D} = \mathbb{Q}$. Damit erhält man (mit Ausnahme der konstanten Funktionen $y = n$) als Wertemenge ebenfalls $\mathbb{Q}$.

Der Anstieg *m* und das Absolutglied *n* können auch negative Zahlen sein.

Beispielaufgabe

$y = -3 \cdot x - 4$
$m = -3$ (also eine negaitve Zahl)
$n = -4$ (auch eine negaitve Zahl)
Um den Graph dieser Funktion zu zeichnen, fertigst du dir wieder eine Wertetabelle an.

x	−3	−2	−1	0	1
y	+5	+2	−1	−4	−7

Im Koordinatensystem haben wir den Graphen zur Funktion $y = -3 \cdot x - 4$ dargestellt. Du erkennst, dass auch dieser Graph eine Gerade ist, die **nicht** durch den Koordinatenursprung verläuft.

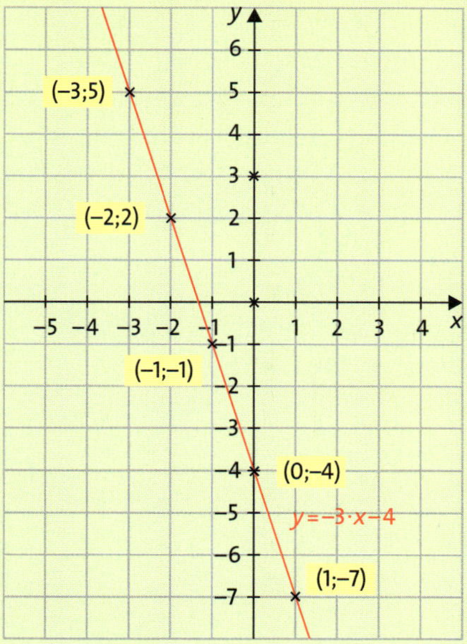

Übung 2

Vervollständige die Wertetabellen, und zeichne die dazugehörigen Graphen in ein Koordinatensystem. Lege für eine Einheit die Länge von zwei Kästchen (1 cm) fest. Überprüfe deine Lösungen mit dem Lösungsheft.

a) $y = +1 \cdot x - 5$ $m =$ ______ ; $n =$ ______

x	−4	−3	−2	−1	0	1	2
y							

b) $y = -2 \cdot x + 3$ $m =$ ______ ; $n =$ ______

x	−2	−1	0	1	2	3
y						

c) $y = -0{,}5 \cdot x + 6$ $m =$ ______ ; $n =$ ______

x	−6	−4	−2	0	2	4
y						

d) $y = -\frac{3}{2} \cdot x - \frac{1}{2}$ $m =$ ______ ; $n =$ ______

x	−4	−2	−1	0	1	2	4
y							

Alle vier Graphen, die du gezeichnet hast, sind Geraden. Sie verlaufen nicht durch den Koordinatenursprung. Immer wenn das der Fall ist, dann besteht zwischen x und y **keine** direkte Proportionalität. Du hattest dir gemerkt, dass direkte Proportionalität zwischen zwei Größen nur dann vorliegt, wenn die Gerade durch den Koordinatenursprung verläuft. Solche Sachverhalte hatten wir mit der Gleichung $y = m \cdot x$ mit $m \neq 0$ beschrieben. Für das weitere Arbeiten mit Funktionen ist es notwendig, dass du dir Folgendes gut merkst:

!

Es gibt Funktionen, deren Graphen Geraden sind, ohne dass direkte Proportionalität zwischen x und y besteht. Solche Funktionen haben die Gleichung:

$$y = f(x) = m \cdot x + n$$

↑ Anstieg (oder Steigung) — m

↑ Absolutglied (oder y-Achsenabschnitt) — n

Funktionen mit den Gleichungen
$y = f(x) = m \cdot x + n$ oder
$y = f(x) = m \cdot x$
heißen lineare Funktionen.

Übung 3

Zeichne in ein Koordinatensystem die Geraden zu den linearen Funktionen $y = 2 \cdot x + 1$ und $y = 2 \cdot x - 2$. Vervollständige dazu zunächst die vorgegebenen Wertetabellen.

$y = 2 \cdot x + 1$

x	-3	-2	-1	0	1	2
y	-5					

$y = 2 \cdot x - 2$

x	-1	0	1	$1{,}5$	2	3
y	-4					

Wenn du alle y-Werte richtig berechnet hast, dann erhältst du beim Zeichnen zwei Geraden, die parallel zueinander verlaufen. Überlege, warum diese Geraden zueinander und zu den Geraden $y = 2 \cdot x$ und $y = 2 \cdot x + 3$ parallel verlaufen müssen.

Übung 4

Zeichne die Geraden zu folgenden Gleichungen:

a) $y = -4 \cdot x + 5$ **b)** $y = -4 \cdot x + 2$ **c)** $y = -4 \cdot x + \frac{1}{2}$

Verwende für x die Zahlen $-2; -1; 0; 2; 3$. Gib für jede Gerade den Punkt an, in dem sie die y-Achse schneidet. Beachte, dass ein Punkt immer mit zwei Koordinaten angegeben wird.

Die Gerade zu $y = -4 \cdot x + 5$ schneidet die y-Achse im Punkt S (0;_____).

Die Gerade zu $y = -4 \cdot x + 2$ schneidet die y-Achse im Punkt D (0;_____).

Die Gerade zu $y = -4 \cdot x + \frac{1}{2}$ schneidet die y-Achse im Punkt F (0;_____).

Übung 5

Zeichne die Gerade zur Gleichung $y = \frac{2}{3} \cdot x + \frac{5}{2}$. Wähle für x fünf geeignete Zahlen aus, mit denen du die y-Werte berechnen kannst.

Beim Vergleich der von dir gezeichneten Geraden kannst du wichtige Eigenschaften feststellen, die du dir gut merken musst.

!

1. Eine lineare Funktion $y = m \cdot x + (n \neq 0)$ hat als Graph immer eine Gerade, die nicht durch den Koordinatenursprung verläuft.
2. Die Gerade zu einer linearen Funktion verläuft immer durch den Punkt P (0; n) auf der y-Achse.
3. Die Geraden von linearen Funktionen verlaufen immer dann parallel zueinander, wenn der Anstieg m gleich ist.

Übung 6

Bestimme den Schnittpunkt der Geraden mit der y-Achse.

	a)	b)	c)	d)
Funktion	$y = 3{,}7 \cdot x + 2{,}6$	$y = \frac{5}{6} \cdot x - \frac{3}{5}$	$y = -\frac{3}{4} \cdot x + \frac{1}{4}$	$y = -x - 0{,}8$
Schnittpunkt	S (0 ;___)	A (___ ;___)	D (___ ;___)	M (___ ;___)

Denke daran: Um den Schnittpunkt der Geraden mit der y-Achse zu bestimmen, brauchst du die Gerade nicht zu zeichnen. Den Schnittpunkt kannst du direkt aus der Gleichung der linearen Funktion ablesen.

Übung 7

Schreibe die Gleichung einer möglichen linearen Funktion auf, deren Graph (Gerade) zu dem Graphen (der Geraden) der gegebenen Gleichung parallel verläuft. Denke daran, dass der Anstieg m den Verlauf einer Geraden bestimmt.

a) $y = -3 \cdot x + 2{,}5$ $y =$ ____________________

b) $y = \frac{3}{2} \cdot x - 1$ $y =$ ____________________

c) $y = x - \frac{3}{4}$ $y =$ ____________________

d) $y = -0{,}9 \cdot x - 0{,}4$ $y =$ ____________________

Übung 8

Beschreibe die Graphen der folgenden Funktionen, ohne sie zu zeichnen. Verwende dabei die vorgegebene Übersicht. Drei Hilfen sollen dir als Beispiel dienen.

	Funktion	Gerade steigt/ Gerade fällt	Gerade verläuft vom … Quadranten in den … Quadranten	Schnittpunkt mit y-Achse bei …
a)	$y = -2 \cdot x + 5$		vom II. in den IV.	
b)	$y = 2{,}4 \cdot x - 1{,}5$	steigt		
c)	$y = \frac{1}{5} \cdot x - \frac{4}{5}$			
d)	$y = -0{,}6 \cdot x - 0{,}4$			$S\,(0; -0{,}4)$

B Der Einfluss von *m* und *n* auf den Verlauf des Graphen

Wir vergleichen zwei Funktionen mit dem gleichen Anstieg:

$y = 2 \cdot x$

x	−3	−2	−1	0	1	2
y	−6	−4	−2	0	2	4

$y = 2 \cdot x + 3$

x	−3	−2	−1	0	1	2
y	−3	−1	1	3	5	7

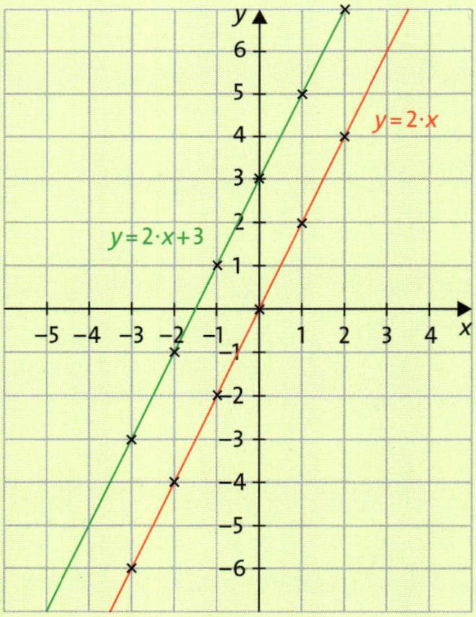

Bei gleichen x-Werten unterscheiden sich die y-Werte um 3.

Beim Vergleich der Geraden zu den Funktionen stellst du fest:

$y = 2 \cdot x$	$y = 2 \cdot x + 3$
• Die Gerade verläuft durch den Koordinatenursprung. Es ist der Punkt $P(0; 0)$.	• Die Gerade verläuft nicht durch den Koordinatenursprung. Sie schneidet die y-Achse im Punkt $S(0; 3)$.
• Die Gerade steigt vom III. in den I. Quadranten.	• Die Gerade steigt vom III. in den I. Quadranten.

- Die Geraden zu $y = 2 \cdot x$ und $y = 2 \cdot x + 3$ verlaufen parallel zueinander.

Das Super-Schnellverfahren zum Zeichnen der Graphen zu linearen Funktionen $y = m \cdot x + n$

Eine Gerade kann immer dann gezeichnet werden, wenn ich zwei verschiedene Punkte dieser Geraden kenne. Denn: Zwei verschiedene Punkte bestimmen eindeutig den Verlauf einer Geraden. Diese Tatsache aus der Geometrie nutzen wir beim Zeichnen der Graphen von linearen Funktionen.

Beispielaufgabe

Wir zeichnen den Graph der linearen Funktion $y = 1{,}5 \cdot x - 2{,}5$.
Wir wissen, der Graph ist eine Gerade, also benötigen wir nur zwei verschiedene Punkte, damit wir die Gerade zeichnen können. Einen Punkt können wir sofort nennen, den Schnittpunkt der Geraden mit der y-Achse. Er heißt:
$S(0; -2{,}5) \rightarrow$ 1. Punkt.
Für den 2. Punkt wählen wir zum Beispiel $x = 1$ und erhalten $y = -1$.
$P(1; -1) \rightarrow$ 2. Punkt.
Mit diesen beiden Punkten können wir nun die Gerade zeichnen, die zu der Gleichung $y = 1{,}5 \cdot x - 2{,}5$ gehört.

Zur Kontrolle berechnen wir noch einen dritten Punkt. Wenn dieser auch auf der Geraden liegt, dann haben wir die beiden anderen Punkte richtig ermittelt. Wir setzen in die Gleichung $y = 1{,}5 \cdot x - 2{,}5$ für x wieder eine Zahl ein, mit der wir recht einfach rechnen können. Wir wählen $x = 2$ und erhalten $y = 0{,}5$.

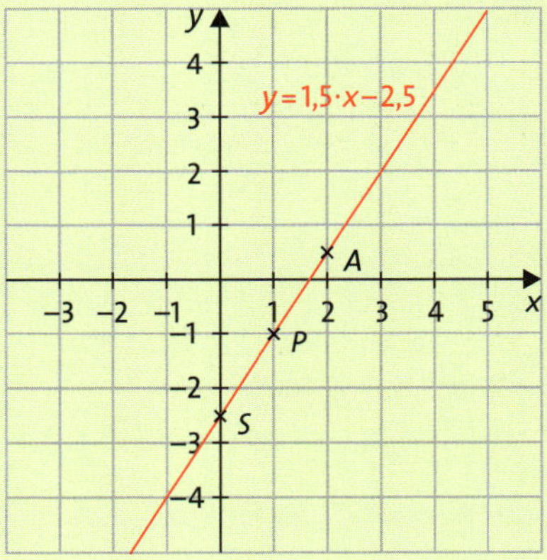

Der dritte Punkt heißt:
$A(2; 0{,}5) \rightarrow$ 3. Punkt oder Kontrollpunkt.
Vergleiche mit der grafischen Darstellung. Alle drei Punkte liegen auf einer Geraden.

Schrittfolge beim Zeichnen von linearen Funktionen $y = m \cdot x + n$

1. Schritt: 1. Punkt bestimmen.
Der erste Punkt ist der Schnittpunkt der Geraden mit der y-Achse: $S(0;n)$.

2. Schritt: 2. Punkt bestimmen.
In die gegebene Gleichung für x eine beliebige Zahl ($x \neq 0$) einsetzen und y berechnen.
x und y sind die Koordinaten des Punktes: $P(x;y)$.

3. Schritt: Die Gerade zeichnen.
Die Punkte $S(0;n)$ und $P(x;y)$ in das Koordinatensystem eintragen und die Gerade zeichnen.

Die Einzelschritte helfen dir, Sicherheit im Zeichnen der Graphen zu erlangen.
Hier einige Tipps zur Gestaltung des Koordinatensystems.
Damit du übersichtlich und genau die Graphen darstellen kannst, solltest du Folgendes beachten:

1. Zeichne in dein Übungsheft auf eine Seite nur ein Koordinatensystem, damit du ausreichend viele Einheiten auf den Achsen abtragen kannst.
2. Wähle für eine Einheit zwei Kästchen (1 cm).
3. Zeichne in ein Koordinatensystem nicht mehr als vier Geraden ein.
4. Schreibe sofort an die gezeichnete Gerade die Gleichung.
5. Vergiss nicht, die Achsen des Koordinatensystems zu benennen.

Übung 9

Zeichne die Graphen der linearen Funktionen mit Hilfe von zwei Punkten.

a) $y = 6 \cdot x - 5$

Ein Punkt ist der Schnittpunkt mit der y-Achse. Bei diesem Punkt ist

$x = 0$ und $y = -5$. Also heißt der Punkt: $S(0;\ \square\ )$.

Den zweiten Punkt finden wir, indem wir eine beliebige Zahl für x in die Gleichung einsetzen und y berechnen.

$x = \square$, dann ist

$y = 6 \cdot \square - 5$

$y = \square - 5$

$y = \square$

Den zweiten Punkt nennen wir z. B. P: $P(\ \square\ ;\ \square\ )$.

Wir zeichnen die Gerade mit den beiden Punkten S und P.

Löse nach dem gleichen Schema folgende Aufgaben.

b) $y = -3 \cdot x - 2$ **c)** $y = -4 \cdot x + 6{,}5$ **d)** $y = 2{,}5 \cdot x - 4{,}5$

Jetzt kommen Übungsaufgaben, bei denen der Anstieg m ein gemeiner Bruch ist. Bei diesen Aufgaben kannst du den Rechenvorteil beim Auswählen der Zahl x nutzen, den wir dir bei der Funktion $y = m \cdot x$ erklärt haben (für x einfach den Nenner des Bruches einsetzen).

Übung 10

a) $y = \frac{7}{3} \cdot x + 1$

1. Punkt (Schnittpunkte mit der y-Achse) : $x =$ ___ und $y =$ ___ .

Den Punkt nennen wir K: K(___ ; ___).

2. Punkt: Für x den Nenner (die Zahl 3) einsetzen und y berechnen.

$x = 3$, dann ist

$y = \frac{7}{3} \cdot (3) + 1$ Jetzt kannst du kürzen!

$y = 7 + 1$ Die 3 hat sich weggekürzt.

$y =$ ___

Den zweiten Punkt nennen wir L: L(3; ___).

Die Gerade mit den beiden Punkten K und L zeichnen.

b) $y = -\frac{2}{5} \cdot x + 3$

c) $y = \frac{3}{8} \cdot x + \frac{3}{2}$

C Die Graphen zu den Gleichungen $x = a$ und $y = b$

Wir wollen nun schrittweise den Verlauf der Geraden mit der Funktionsgleichung $y = b$ erarbeiten (b ist dabei eine beliebige Zahl).
Wir wählen $n = 3$ und für m eine Zahl, die bisher immer ausgeschlossen wurde, nämlich $m = 0$.

Wir setzen ein: $y = m \cdot x + n$ mit $m = 0$ und $n = 3$

$y = 0 \cdot x + 3$

Es bleibt: $y = 3$

Das ist eine Gleichung, die dem Typ $y = b$ entspricht, wenn man $b = 3$ setzt.
Eine Wertetabelle sieht dazu folgendermaßen aus:

x	−5	−2	0	1	3	6	10
y	3	3	3	3	3	3	3

Wir stellen fest, dass für jeden gewählten x-Wert der y-Wert stets 3 ist. Wir brauchen nicht einmal zu rechnen, denn es gilt ja stets $y = 3$. Das bedeutet: Egal, welchen Wert x hat, der dazugehörige y-Wert ist stets 3 (oder allgemein: b). Man sagt, y ist unabhängig von x.

Übung 11

a) Vervollständige für die jeweils gegebenen Funktionsgleichungen die Wertetabellen.

$y = 4$

x	−3	−0	2	5
y	4	4		

$y = -2$

x	−3	0	2	5
y	−2			

b) Zeichne die beiden Geraden von Aufgabe a) sowie diejenige, die zur Gleichung $y = 3$ gehört, in das folgende Koordinatensystem ein.

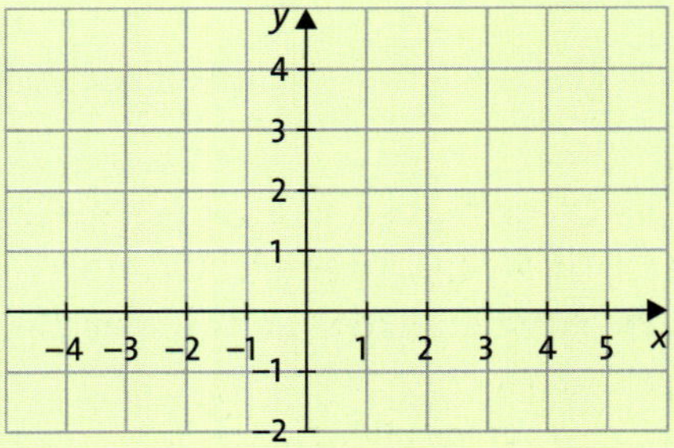

Durch Vergleich mit der Funktion $y = b$ wollen wir uns den Verlauf von Graphen mit der Gleichung $x = a$ überlegen.

$y = b$
- y-Wert ist stets b.
- y ist unabhängig von x.
- Graph ist Gerade, die parallel zur x-Achse verläuft.
  Beispiel: $y = 2$

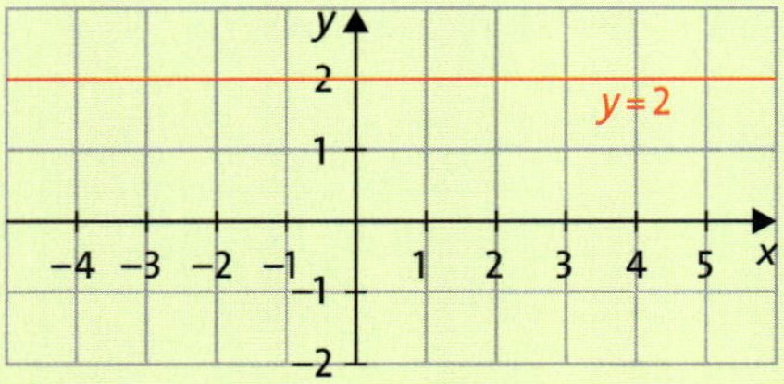

Merke: Funktionen, deren Graphen parallel zur x-Achse verlaufen, nennen wir konstante Funktionen.

$x = a$
- x-Wert ist stets a.
- x ist unabhängig von y.
- Graph ist Gerade, die parallel zur y-Achse verläuft.
  Beispiel: $x = 3$

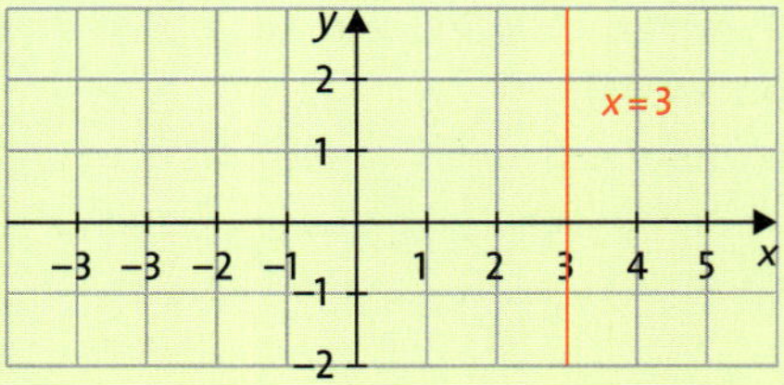

Beachte: Obwohl der Graph zu der Gleichung $x = a$ (in unserem Beispiel $x = 3$) eine Gerade ist, handelt es sich nicht um eine Funktion, weil zu einem x-Wert ($x = 3$) mehrere y-Werte (z. B.: $y = 1$; $y = -2$; $y = 0$; …) gehören.

Übung 12

Gegeben ist das folgende Koordinatensystem mit den eingezeichneten Geraden (1) und (2).

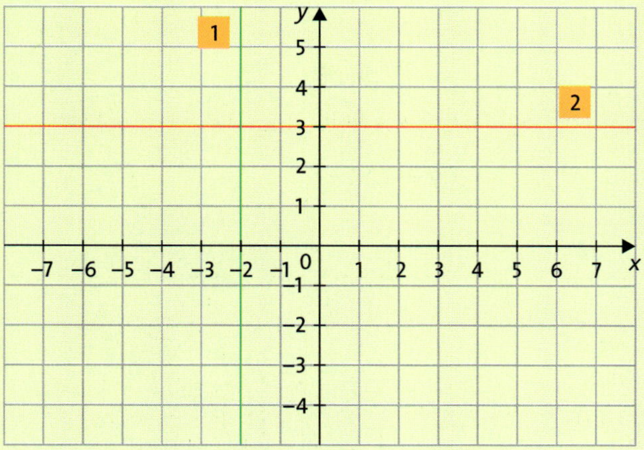

a) Bestimme die Gleichungen für die beiden Geraden (1) und (2), die im Koordinatensystem bereits eingezeichnet sind.

b) Zeichne die Geraden zu den Gleichungen $y = -4$ und $x = 5$ in das Koordinatensystem ein.

c) In dem vorgegebenen Koordinatensystem schneiden die vier eingezeichneten Geraden einander. Es entsteht ein Rechteck. Berechne den Flächeninhalt dieses Rechtecks.

D Die Berechnung des Anstiegs *m*

Von einer linearen Funktion sollen zwei Punkte $P_1(x_1; y_1)$ und $P_2(x_2; y_2)$ bekannt sein.
Es gilt dann:

$y_1 = m \cdot x_1 + n$ und

$y_2 = m \cdot x_2 + n$

Subtrahieren der beiden Gleichungen ergibt:

$y_1 - y_2 = m \cdot x_1 - m \cdot x_2$ | Ausklammern

$y_1 - y_2 = m \cdot (x_1 - x_2)$ | Dividieren

$$\frac{y_1 - y_2}{x_1 - x_2} = m$$

! Immer wenn eine lineare Funktion mit dem Anstieg *m* gegeben ist, so gilt:

$$m = \frac{y_1 - y_2}{x_1 - x_2}\,; \ (x_1 \neq x_2).$$

Mit dieser Formel kannst du immer den Anstieg einer linearen Funktion berechnen, wenn du zwei Zahlenpaare der Funktion kennst. Eine Beispielaufgabe soll dir das verdeutlichen.

Beispielaufgabe

Von einer linearen Funktion $y = m \cdot x + n$ $(m; n \neq 0)$ sind folgende Wertepaare bekannt:

x	0	2	5	10
y	3	15	33	63

Wir wählen folgende Wertepaare aus:

$(10; 63)$ $(5; 33)$, mit $x_1 = 10$, $y_1 = 63$, $x_2 = 5$, $y_2 = 33$

Nun setzen wir ein:

$$m = \frac{y_1 - y_2}{x_1 - x_2} = \frac{63 - 33}{10 - 5} = \frac{30}{5} = 6.$$

Der Anstieg der linearen Funktion, die zu der Wertetabelle gehört, ist $m = 6$.

Wir wollen dir nun zeigen, dass es tatsächlich gleich ist, welches Wertepaar wir aus der Wertetabelle auswählen.

1. Wertepaar: $(2; 15)$, mit $x_1 = 2$, $y_1 = 15$

2. Wertepaar: $(0; 3)$, mit $x_2 = 0$, $y_2 = 3$

x und y in die Formel einssetzen:

$$m = \frac{y_1 - y_2}{x_1 - x_2} = \frac{15 - 3}{2 - 0} = \frac{12}{2} = 6.$$

Auch bei diesen Wertepaaren erhalten wir den gleichen Anstieg $m = 6$.

Übung 13

Bestimme den Anstieg der linearen Funktion, die durch folgende Wertetabelle bestimmt ist.

a)

x	−1	0	1	2
y	1,5	4	6,5	9

$$m = \frac{y_1 - y_2}{x_1 - x_2} = \frac{\square - \square}{\square - \square} = \frac{\square}{\square} = \square$$

b)

x	4	8	12
y	−5	−8	−11

$$m = \frac{y_1 - y_2}{x_1 - x_2} = \frac{\square - \square}{\square - \square} = \frac{\square}{\square} = \square$$

Übung 14

Berechne m, wenn die Gerade durch die Punkte $M(-\frac{3}{2}; 2)$ und $N(3; -\frac{3}{4})$ verläuft.

E Nullstellen von linearen Funktionen

Im folgenden Koordinatensystem sind zwei Funktionen dargestellt.
Sie haben die Gleichungen
A: $y = 0{,}5 \cdot x + 3$ und B: $y = 0{,}5 \cdot x - 2$.

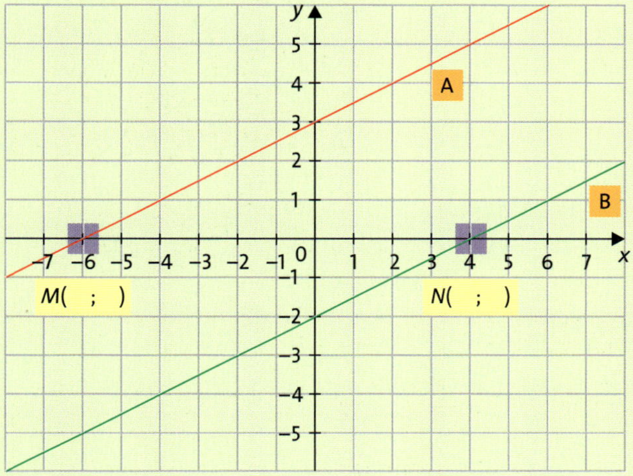

Beide Geraden haben die Eigenschaft, dass sie die x-Achse in zwei unterschiedlichen Punkten schneiden. Die Lage dieser Punkte ist durch ein Kästchen markiert.
Lies die Koordinaten der Punkte M und N ab, und trage sie in die freien Plätze im Koordinatensystem ein.
Du stellst fest:

1. Die x-Werte sind unterschiedlich, nämlich -6 und 4.
2. Die y-Werte stimmen überein, sie haben den Wert 0; es ist stets $y = 0$.

Damit hast du die Lösung der Aufgabe gefunden: $M(-6; 0)$ und $N(4; 0)$.

Solche Punkte, die als y-Wert den Wert 0 haben, gibt es natürlich sehr viele. Es sind alle Punkte der x-Achse. Wir hatten uns aber auf der x-Achse ganz besondere Punkte angesehen. Es sind genau diejenigen, wo die Gerade die x-Achse schneidet. Weil das eine ganz bestimmte Stelle auf der x-Achse ist, an der ***y* stets 0** ist, heißt eine solche Stelle **Nullstelle** der Funktion. Als Symbol verwenden wir dafür x_0.
Mit dieser Bezeichnung kannst du jetzt die Nullstellen der beiden Funktionen vom Anfang dieses Kapitels angeben:
Funktion A: $x_0 = -6$, Funktion B: $x_0 = 4$.

Übung 15

Lies jetzt für die Geraden mit den Nummern 1 bis 6 die Nullstellen ab, und schreibe sie in dein Übungsheft! Du kannst so in dein Heft schreiben:
Gerade 1: $x_0 = \ldots$
Gerade 2: $x_0 = \ldots$ usw.

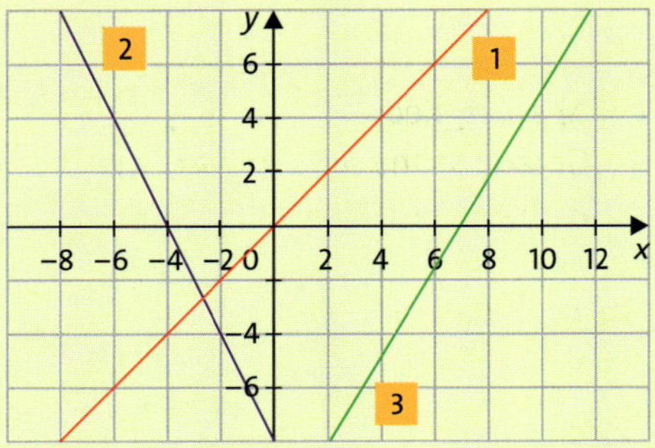

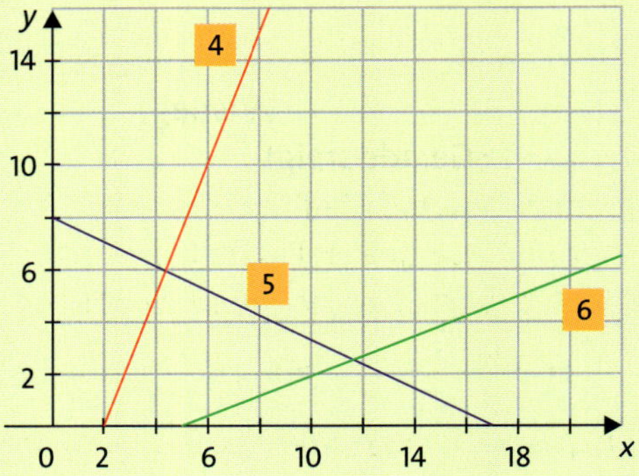

Du hast jetzt Werte für die Variable x aus der grafischen Darstellung der Funktion abgelesen. Das waren die Nullstellen der jeweiligen Funktion.
Eine andere Möglichkeit ist die **Berechnung der Nullstelle** einer linearen Funktion. Dabei gehen wir von der wichtigen Eigenschaft einer Nullstelle aus.

! Der y-Wert oder auch der Funktionswert ist an dieser Stelle genau null. Es gilt $y = 0$.

Wenn du die Nullstelle x_0 berechnen willst, dann musst du für y die Zahl 0 in die gegebene Funktionsgleichung einsetzen. Am Beispiel der Funktion B mit der Gleichung $y = 0{,}5 \cdot x - 2$ zeigen wir dir die Lösungsschritte zur Berechnung der Nullstelle.

Erläuterung	praktische Ausführung
1. Schreibe die Funktionsgleichung auf.	$y = 0{,}5 \cdot x - 2$
2. Setze für y den Wert 0 ein und schreibe für x das Symbol x_0.	$0 = 0{,}5 \cdot x_0 - 2$
3. Löse die Gleichung:	
a) Addiere auf beiden Seiten der Gleichung die Zahl 2.	$2 = 0{,}5 \cdot x_0$
b) Dividiere beide Seiten der Gleichung durch 0,5.	$4 = x_0$
4. Schreibe das Ergebnis in der üblichen Form (Seiten vertauschen).	$x_0 = 4$

Übung 16

Bestimme die Nullstellen der folgenden linearen Funktionen:

a) $y = 2 \cdot x + 3$ **b)** $y = -\frac{1}{2} \cdot x + 1$ **c)** $y = 3$

d) $y = -5 \cdot x$ **e)** $y = -x + 7$ **f)** $y = 1{,}5 \cdot x + 0{,}5$

Zusammenfassung

1. Jede Funkton mit einer Gleichung der Form $y = m \cdot x + n$ heißt lineare Funktion.
2. Jede direkte Proportionalität ist eine lineare Funktion $y = m \cdot x$.
   Dabei ist m der Proportionalitätsfaktor.
3. Die grafische Darstellung einer linearen Funktion ergibt eine Gerade.
   Diese Gerade ist durch zwei zur Funktion gehörende Zahlenpaare festgelegt.
4. $y = m \cdot x + n$

   Anstieg
   - $m > 0$; Gerade steigt
   - $m < 0$; Gerade fällt
   - $m = 0$; Gerade ist Parallele zur x-Achse

   Absolutglied
   Gerade schneidet die y-Achse im Punkt $S\,(0;n)$
5. Den Anstieg einer linearen Funktion kann man berechnen:
   $m = \frac{y_1 - y_2}{x_1 - x_2}$; $(x_1 \neq x_2)$.
6. Die Nullstelle einer linearen Funktion erhält man durch Lösen der Gleichung:
   $0 = m \cdot x_0 + n$.

Lineare Gleichungssysteme

1 Rechnerische Lösungsverfahren

Gegeben sei ein System von zwei linearen Gleichungen mit zwei Variablen.

$$\begin{array}{l|rcl|} \text{I} & 3x - y & = & 3 \\ \text{II} & x + 2y & = & 8 \end{array}$$

Betrachtet man nur Gleichung I, so gibt es unbegrenzt viele Zahlenpaare $(x; y)$, die diese Gleichung erfüllen, z. B.:

x	−2	−1	0	1	2	3	4	usw.
y	−9	−6	−3	0	3	6	9	

Auch Gleichung II hat unbegrenzt viele Zahlenpaare $(x; y)$ als Lösungen, z. B.:

x	−2	−1	0	1	2	3	4	usw.
y	5	4,5	4	3,5	3	2,5	2	

Es gibt jedoch *nur ein Paar*, das Lösung beider Gleichungen ist: (2; 3).
Dieses Paar ist **Lösung des Gleichungssystems**.
Lösungsmenge: $L = \{(2; 3)\}$

Für das Lösen linearer Gleichungssysteme mit 2 Variablen gibt es drei wesentliche Verfahren.

Einsetzungsverfahren (Substitution)

! Man löst eine der beiden Gleichungen nach einer der beiden Variablen auf, setzt den gewonnenen Ausdruck in die andere Gleichung ein und löst nach der anderen Variablen auf.

Beispielaufgabe

$$\begin{array}{lr} \text{I} & 3x - y = 3 \\ \text{II} & x + 2y = 8 \\ \text{(I)} & -y = 3 - 3x \\ & y = 3x - 3 \end{array}$$

Zur besseren Übersicht sind die Gleichungen, in denen jeweils gerechnet wird, mit römischen Ziffern gekennzeichnet.

$$\begin{array}{lr} \text{(I) in II} & x + 2(3x - 3) = 8 \\ & x + 6x - 6 = 8 \\ & 7x = 14 \\ & x = 2 \end{array}$$

$$\begin{array}{lr} \text{(I)} & 3 \cdot 2 - y = 3 \\ & -y = -3 \\ & y = 3 \end{array}$$

Setzt man den x-Wert in eine der beiden Ausgangsgleichungen ein, so kann man y berechnen.

Das Zahlenpaar (2; 3) ist Lösung des Gleichungssystems.
Lösungsmenge: $L = \{(2; 3)\}$

Da man wählen kann, welche Gleichung man nach welcher Variablen zuerst auflöst, gibt es verschiedene Lösungswege. Man versucht, einen möglichst einfachen Weg zu gehen. Das hängt von der Struktur des Gleichungssystems ab.

Übung 1

Löse mit dem Einsetzungsverfahren!

$$\begin{array}{lr} \text{I} & 3x + y = 6 \\ \text{II} & 5x - 4y = -7 \end{array}$$

Überlegungen: I lässt sich leicht nach y auflösen.

(I) $y =$ ____________________ Dieses Ergebnis in II einsetzen und

(II) ____________________ nach x auflösen.

____

____

$x =$ ____________________ Dieses Ergebnis in (I) einsetzen

(I) $y =$ ____________________

$y =$ ____________________

$L = \{$______$\}$

Gleichsetzungsverfahren

! Man kann auch beide Gleichungen nach derselben Variablen auflösen und die gewonnenen Ausdrücke gleichsetzen. Man spricht daher auch von Gleichsetzungsverfahren.

Beispielaufgabe

$$\begin{array}{l|l|} \text{I} & 3x - y = 3 \\ \text{II} & x + 2y = 8 \end{array}$$

entweder

(I) $x = 1 + \frac{y}{3}$

(II) $x = 8 - 2y$

Gleichsetzen (I) = (II)

$1 + \frac{y}{3} = 8 - 2y$

$2y + \frac{y}{3} = 8 - 1$

$\frac{6y + y}{3} = 7$

$7y = 21$

$y = 3$

oder

(I) $y = 3x - 3$

(II) $y = 4 - \frac{x}{2}$

$3x - 3 = 4 - \frac{x}{2}$

$3x + \frac{x}{2} = 4 + 3$

$\frac{6x + x}{2} = 7$

$7x = 14$

$x = 2$

Durch Einsetzen in eine der Ausgangsgleichungen erhält man jeweils den zweiten Wert der Lösung.
Bei der Probe ist zu beachten, dass die Lösung in beiden Ausgangsgleichungen überprüft wird. Im Beispiel ergab sich die Lösung $x = 2; y = 3$.

Probe: (I) $3 \cdot 2 - 3 = 3$
$3 = 3$

(II) $2 + 2 \cdot 3 = 8$
$8 = 8$

Übung 2

Löse mit dem Gleichsetzungsverfahren!

$$\begin{array}{l|l|} \text{I} & 3x + y = 6 \\ \text{II} & 5x - 4y = -7 \end{array}$$

Überlegungen: Es ist einfacher, beide Gleichungen nach y aufzulösen.

(I) $y =$ ______________________

(II) $4y =$ ______________________

$y =$ ______________________

____________ = ____________ Gleichsetzen (I) = (II).

____________ = ____________ Nach x auflösen.

____________ = ____________

$x =$ ______________________ Ergebnis in (I) oder (II) einsetzen.

$y =$ ______________________

$y =$ ______________________

$L = \{$ ______ $\}$ Lösungsmenge.

Nicht jedes Gleichungssystem hat genau eine Lösung. Widersprechen die Gleichungen einander oder sind sie identisch, so gibt es keine bzw. unbegrenzt viele Lösungen.

Beispielaufgaben

$$\begin{array}{l|rcr|} \text{I} & x + 2y & = & 8 \\ \text{II} & 2x + 4y & = & -10 \end{array}$$

(I) $x = 8 - 2y$

(II) $2(8 - 2y) + 4y = -10$

$16 - 4y + 4y = -10$

$16 = -10$

Widerspruch: keine Lösung

$L = \{\ \}$

$$\begin{array}{l|rcr|} \text{I} & x + 2y & = & 8 \\ \text{II} & 3x + 6y & = & 24 \end{array}$$

(I) $x = 8 - 2y$

(II) $3(8 - 2y) + 6y = 24$

$24 - 6y + 6y = 24$

$24 = 24$

Unbegrenzt viele Lösungen

$L = \{(x; y) \mid x + 2y = 8\}$

Additionsverfahren

Durch Multiplizieren einer der beiden Gleichungen eines Systems kann man erreichen, dass die Koeffizienten einer Variablen in beiden Gleichungen dem Betrag nach übereinstimmen.

Beispielaufgabe

$$\begin{array}{l|rcr|} \text{I} & 3x - y & = & 3 \\ \text{II} & x + 2y & = & 8 \end{array}$$

Entweder man multipliziert Gleichung I mit 2, …

(I) $6x - 2y = 6$

II $x + 2y = 8$

… oder man multipliziert Gleichung II mit 3.

I $3x - y = 3$

(II) $3x + 6y = 24$

Durch Addition bzw. Subtraktion der jeweiligen Seiten beider Gleichungen fällt eine Variable weg.

Addition (I) + II führt zu

$7x = 14$

$x = 2$

Subtraktion I – (II) führt zu

$-7y = -21$

$y = 3$

Den jeweils zweiten Wert der Lösung erhält man wieder durch Substitution in eine der Ausgangsgleichungen.

$L = \{(2;3)\}$

Übung 3

Löse mit dem Additionsverfahren!

$$\begin{array}{l|rcl|} \text{I} & 3x + y & = & 6 \\ \text{II} & 5x - 4y & = & -7 \end{array}$$

Überlegungen: I mit 4 multiplizieren, dann heben sich beim Addieren $4y$ und $-4y$ auf.

(I) ______________________

(II) $5x - 4y = -7$

______________________ Addition (I) + (II).

$x =$ ______________________ Gleichsetzen (I) = (II).

______________________ x in I einsetzen.

$y =$ ______________________

$L = \{$______$\}$ Lösungsmenge.

Übung 4

Löse mit dem Einsetzungsverfahren!

a) $\begin{array}{l|rcl|} \text{I} & x + y & = & 5 \\ \text{II} & 2x - 2y & = & 2 \end{array}$

b) $\begin{array}{l|rcl|} \text{I} & 3x + y & = & 7 \\ \text{II} & 5x - 4y & = & 6 \end{array}$

Löse mit dem Gleichsetzugsverfahren!

c) $\begin{array}{l|rcl|} \text{I} & y & = & 2x - 8 \\ \text{II} & y & = & \frac{1}{3}x - 3 \end{array}$

d) $\begin{array}{l|rcl|} \text{I} & 4x + y & = & -2 \\ \text{II} & -2x - y & = & 1 \end{array}$

Löse mit dem Additionsverfahren!

e) $\begin{array}{l|rcl|} \text{I} & 3x + y & = & 7 \\ \text{II} & 2x - 2y & = & -2 \end{array}$

f) $\begin{array}{l|rcl|} \text{I} & 3x - \frac{1}{10}y & = & -2 \\ \text{II} & 5x - y & = & 5 \end{array}$

Übung 5

Löse mit einem beliebigen Verfahren!

a) $\begin{array}{l|rcl|} \text{I} & 3x + 2y & = & 5 \\ \text{II} & 3x + 2y & = & 6 \end{array}$

b) $\begin{array}{l|rcl|} \text{I} & -x - 2y & = & 1 \\ \text{II} & 3x + 6y & = & -3 \end{array}$

c) $\begin{array}{l|rcl|} \text{I} & y + 2x & = & 24 \\ \text{II} & y - \frac{1}{3}x & = & 10 \end{array}$

d) $\begin{array}{l|rcl|} \text{I} & 1{,}5x + 2{,}2y & = & -6{,}5 \\ \text{II} & -1{,}2x + 4{,}5y & = & -26{,}1 \end{array}$

2 Grafisches Lösen

Beim grafischen Lösen eines linearen Gleichungssystems mit zwei Variablen fasst man die Gleichungen des Systems als Funktionsgleichungen zweier linearer Funktionen auf und bestimmt den Schnittpunkt der beiden zugehörigen Geraden.

Beispielaufgabe

$$\begin{array}{l|rcl|} \text{I} & 3x - y &=& 3 \\ \text{II} & x + 2y &=& 8 \end{array}$$

Man stellt die Gleichungen nach y um:

(I) $y = 3x - 3$

(II) $y = -\frac{x}{2} + 4$

Man fasst die Gleichungen als Funktionsgleichungen auf und zeichnet ihre Graphen im Koordinatensystem. Als Schnittpunkt stellt man $S(2;3)$ fest. Die Probe mit (2;3) ergibt, dass dies tatsächlich die Lösung des Gleichungssystems ist.

$\Rightarrow L = \{(2;3)\}$

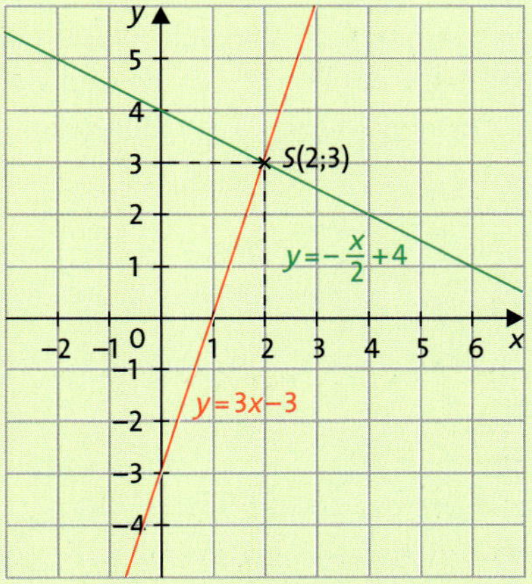

Übung 1

Löse das Gleichungssystem grafisch.

$$\begin{array}{l|rcl|} \text{I} & 2x - y &=& -5 \\ \text{II} & x + 2y &=& 0 \end{array}$$

(I) $y =$ ________________

(II) $y =$ ________________

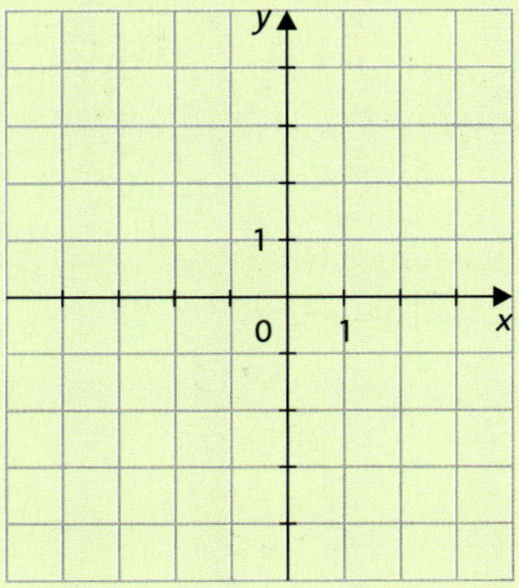

Überlegung: Zunächst beide Gleichungen nach y auflösen.

Anschließend beide Geraden in das Koordinatensystem einzeichnen.

Schnittpunkt S (______)

Probe:

(I): ________________

(II): ________________

Lösungsmenge:

$L = \{($______$)\}$

Beim grafischen Lösen linearer Gleichungssysteme können noch zwei weitere Fälle eintreten, auf die bereits bei den rechnerischen Lösungsverfahren hingewiesen wurde.

Beispielaufgaben

a) $\begin{array}{l|rcl|} \text{I} & 3x - y & = & 3 \\ \text{II} & 6x - 2y & = & -8 \end{array}$

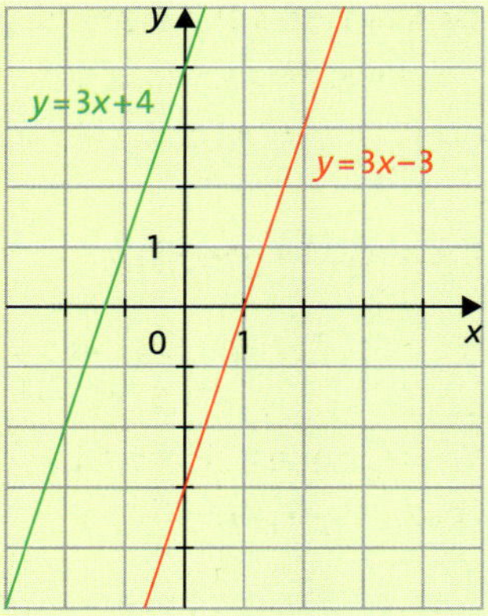

Die Auflösung der Gleichungen nach y ergibt:

(I) $y = 3x - 3$

(II) $y = 3x + 4$

Beide Funktionen haben den gleichen Anstieg 3, die zugehörigen Geraden verlaufen in gleicher Richtung. Parallele Geraden schneiden einander nicht. Es gibt keinen Punkt, der beiden Geraden angehört. Das zugehörige Gleichungssystem hat **keine** Lösung.

b) $\begin{array}{l|rcl|} \text{I} & 3x - y & = & 3 \\ \text{II} & 6x - 2y & = & 6 \end{array}$

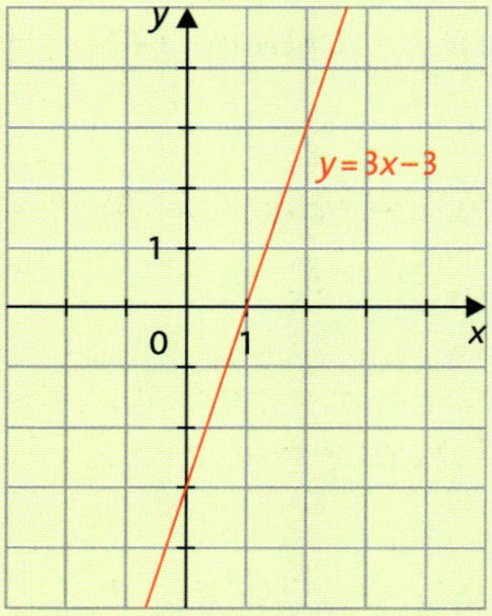

Die Auflösung der Gleichungen nach y ergibt:

(I) $y = 3x - 3$

(II) $y = 3x - 3$

Beide Gleichungen sind identisch. Die zugehörigen Geraden fallen zusammen. Jeder Punkt der einen Geraden ist auch Punkt der anderen. Das zugehörige Gleichungssystem hat **unendlich** viele Lösungen, nämliche alle Wertepaare, die die Geradengleichung erfüllen.

$L = \{(x; y) \mid y = 3x - 3\}$

Übung 2

Löse grafisch und mache die Probe, falls möglich.

a) $\begin{array}{l|rcl|} \text{I} & x + 2y & = & 4 \\ \text{II} & 3x - y & = & -2 \end{array}$

b) $\begin{array}{l|rcl|} \text{I} & \frac{1}{2}x - y & = & 0 \\ \text{II} & y + 2 & = & 0 \end{array}$

c) $\begin{array}{l|rcl|} \text{I} & x - 2y & = & 2 \\ \text{II} & -x + 2y & = & -1 \end{array}$

d) $\begin{array}{l|rcl|} \text{I} & x - y & = & 3 \\ \text{II} & -2x + 2y & = & -6 \end{array}$

e) $\begin{array}{l|rcl|} \text{I} & y & = & x \\ \text{II} & x + 3 & = & 0 \end{array}$

f) $\begin{array}{l|rcl|} \text{I} & y - 2 & = & 0 \\ \text{II} & x + y & = & 0 \end{array}$

3 Textaufgaben

Die folgenden Aufgaben sollen mit zwei Gleichungen mit zwei Unbekannten gelöst werden. Man könnte sie alle auch nur mit einer Unbekannten lösen, aber dann wäre die Vorarbeit, die man im Kopf leisten müsste, größer.
Es ist meistens einfacher mit zwei Gleichungen und zwei Unbekannten. Bei einfachen Aufgaben kann man die Gleichungen sofort hinschreiben.

Beispielaufgabe

Hans ist 5 Jahre älter als Peter, und zusammen sind sie 35 Jahre alt.
Wir legen fest: Hans ist x Jahre alt, Peter ist y Jahre alt.

$$\begin{array}{l|l|} \text{I} & x = y + 5 \\ \text{II} & x + y = 35 \end{array}$$

I in II einsetzen: $y + 5 + y = 35$

$$2y = 30$$

$$y = 15$$

in I einsetzen: $x = 15 + 5 = 20$

Hans ist 20, Peter ist 15 Jahre alt.

Bei schwierigeren Aufgaben ist es ratsam, sich die Aufgaben übersichtlich in einer Tabelle zusammenzustellen.

Beispielaufgabe

Verlängert man die kürzere Seite eines Rechtecks um 2 cm und verkürzt man die längere Seite um 2 cm, so erhält man ein neues Rechteck, dessen Flächeninhalt um 6 cm^2 größer ist als der des alten Rechtecks. Der Umfang des alten Rechtecks betrug 30 cm. Wie lang waren die Seiten des ursprünglichen Rechtecks?

	altes Rechteck	neues Rechteck
kurze Seite	x	$x + 2$
lange Seite	y	$y - 2$
Umfang	$2x + 2y$	$2(x + 2) + 2(y - 2)$
Fläche	$x \cdot y$	$(x + 2)(y - 2)$

Ansatz: $\begin{array}{l|rcl|} \text{I} & (x+2)\,(y-2) & = & x \cdot y + 6 \\ \text{II} & 2x + 2y & = & 30 \end{array}$

I vereinfachen:

$$xy - 2x + 2y - 4 = xy + 6 \quad | -xy + 4$$
$$-2x + 2y = 10$$

also: $\begin{array}{l|rcl|} \text{I} & -2x + 2y & = & 10 \\ \text{II} & 2x + 2y & = & 30 \end{array}$

Addition: $4y = 40$

$y = 10$

In II einsetzen: $2x + 20 = 30$

$x = 5$

Die Seiten des ursprünglichen Rechtecks waren 5 cm und 10 cm lang.

Übung 1

Übersetze die Angabe in eine Gleichung.

a) x ist um 5 größer als y.

b) x ist doppelt so groß wie y.

c) x ist halb so groß wie y.

d) a und b ergeben zusammen 25.

e) Um y zu erhalten, muss man x mit 5 multiplizieren und 10 addieren.

f) Das Produkt von x und y ist so groß wie die Summe von x und y.

Übung 2

a) Die Summe zweier ganzer Zahlen beträgt 15, ihre Differenz beträgt 25. Wie heißen die beiden Zahlen?

b) Bei einem Rechteck ist die Länge um 6 cm größer als die Breite. Sein Umfang beträgt 60 cm. Wie lang sind die Seiten?

c) Bei einem gleichschenkligen Dreieck ist ein Basiswinkel doppelt so groß wie der Winkel an der Spitze. Wie groß sind die Winkel?

d) Drei Flaschen Weißwein und fünf Flaschen Rotwein kosten zusammen 25,90 €. Fünf Flaschen Weißwein und drei Flaschen Rotwein kosten zusammen 24,50 €. Wie viel kostet eine Flasche Weißwein, wie viel eine Flasche Rotwein?

Berechnungen an Dreiecken

1 Umfang

Für jedes Dreieck ABC mit den Seiten a, b und c ist der Umfang die Summe der Länge aller drei Seiten.

$$u = a + b + c$$

Übung 1

a) Konstruiere ein Dreieck ABC mit $c = 6$ cm, $h_c = 3$ cm, $\alpha = 80°$. Ermittle den Umfang.

b) Konstruiere ein Dreieck RST mit $\overline{RS} = 4$ cm, $\overline{TR} = 3$ cm, $\sphericalangle RTS = 65°$. Ermittle den Umfang.

c) Welchen Umfang hat ein gleichseitiges Dreieck mit $a = 3{,}5$ cm?

2 Flächeninhalt

Du kennst bereits den Flächeninhalt eines Rechtecks:
$A = a \cdot b$

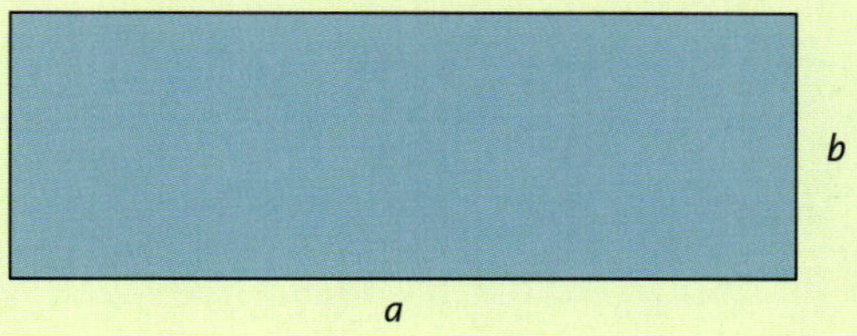

Um den Flächeninhalt eines Dreiecks zu bestimmen, zeichnen wir eine Höhe ein.

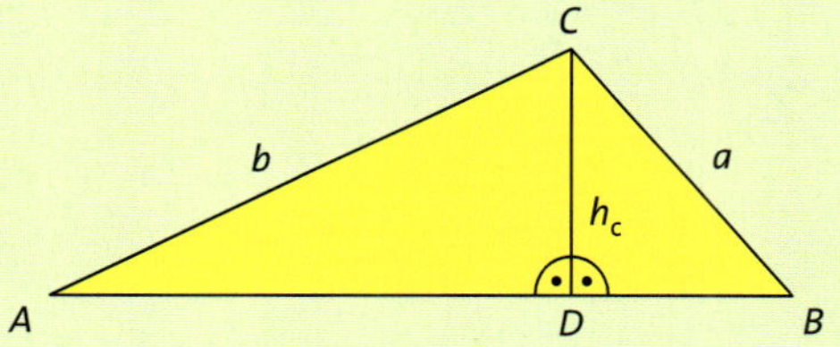

Dann ergänzen wir jedes Teildreieck zu einem Rechteck.
Das große Rechteck hat den Flächeninhalt $A = c \cdot h_c$, denn h_c ist so lang wie die Rechteckseite $\overline{BE}$ (oder $\overline{AF}$).
Das Dreieck ABC ist halb so groß wie das Rechteck $ABEF$.
Für den Flächeninhalt des Dreiecks gilt also: $A_D = \frac{c \cdot h_c}{2}$.

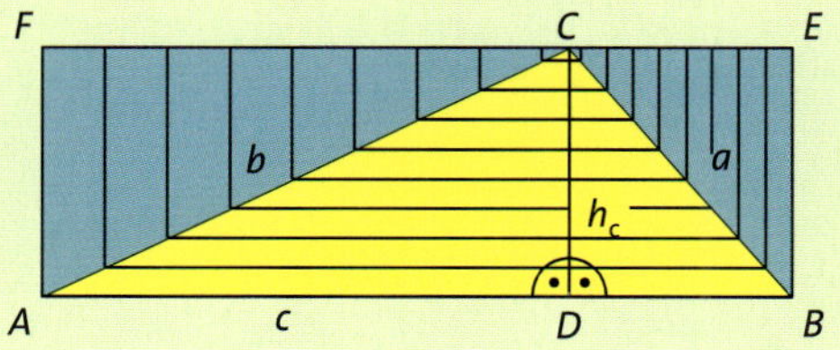

Genau genommen gilt diese Herleitung nur für spitzwinklige Dreiecke. Für stumpfwinklige Dreiecke kommt man jedoch mit einer ähnlichen Überlegung zum gleichen Ergebnis.

Übung 1

Konstruiere ein Dreieck ABC aus $a = 5{,}0$ cm, $b = 4{,}5$ cm, $c = 4{,}0$ cm.
Zeichne alle Höhen ein und miss ihre Längen.
Berechne den Flächeninhalt des Dreiecks dreimal, indem du jeweils eine der 3 Seiten und die dazugehörige Höhe verwendest.
Vergleiche die Flächeninhalte!

$$A_D = \frac{a \cdot h_a}{2} = \frac{b \cdot h_b}{2} = \frac{c \cdot h_c}{2}$$

Weil es unwesentlich ist, welche Seite mit der zugehörigen Höhe man zur Inhaltsberechnung benutzt, findest du in Formelsammlungen auch diese Darstellung:

$$A_D = \frac{g \cdot h}{2}$$

Mit g ist eine beliebig zu wählende Seite gemeint und mit h die dazugehörige Höhe.
Manchmal wird g auch Grundseite genannt.
Aufgepasst: Im Dreieck kann jede Seite als Grundseite gewählt werden!
Andere Schreibweisen für die Formel sind $A_D = \frac{1}{2}g \cdot h = \frac{g}{2} \cdot h = g \cdot \frac{h}{2}$.

Übung 2

a) Konstruiere ein Dreieck ABC aus $c = 4{,}0$ cm, $h_c = 3{,}5$ cm, $\alpha = 60°$.
b) Konstruiere ein Dreieck ABC aus $b = 3{,}5$ cm, $c = 4{,}0$ cm, $\alpha = 90°$.
c) Konstruiere ein Dreieck ABC aus $c = 4{,}0$ cm, $h_c = 3{,}5$ cm, $\beta = 110°$.
Welche Dreiecksarten liegen vor? Berechne den Flächeninhalt dieser Dreiecke.

Wenn du die Übung 2 richtig gelöst hast, so hat sich für alle drei Dreiecke der gleiche Flächeninhalt ergeben.
Dreiecke mit gleichem Flächeninhalt können verschiedene Gestalt haben.
Sie müssen nur in einer Seite und der dazugehörigen Höhe übereinstimmen.

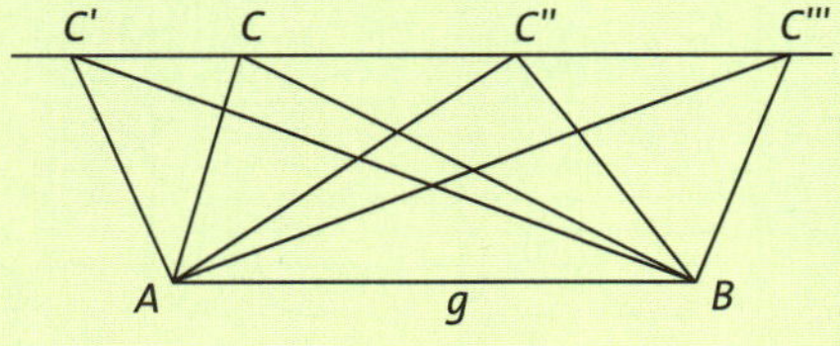

Die Dreiecke ABC, ABC', ABC'' usw. sind zwar inhaltsgleich, aber nicht deckungsgleich. Sie sind durch Verschieben des Punktes C längs der Parallelen zu g entstanden.

Zwischen **inhaltsgleich**, **formgleich** und **deckungsgleich** musst du unterscheiden.

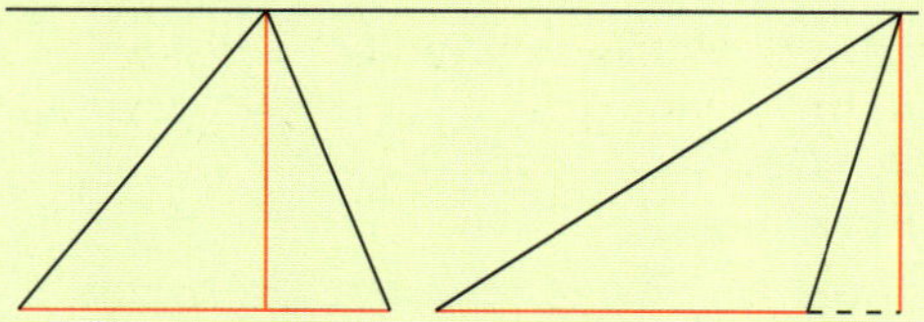

spitzwinklig stumpfwinklig
inhaltsgleich
$A_1 = A_2$

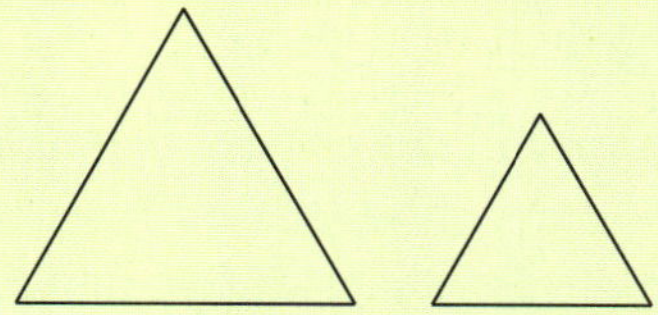

gleichseitige Dreiecke
formgleich
$A_1 \neq A_2$

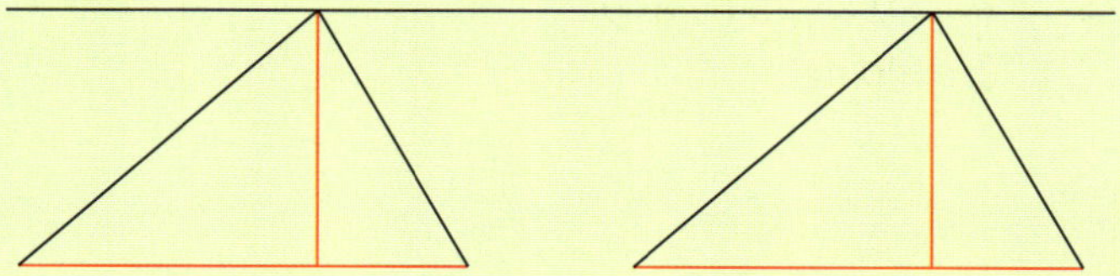

gleiche Form, gleicher Inhalt
deckungsgleich (kongruent)
$A_1 = A_2$

Beispielaufgabe

Konstruiere ein rechtwinkliges Dreieck *ABC* mit den Katheten $a = 3$ cm, $b = 4$ cm. Berechne möglichst geschickt den Flächeninhalt.

Es ist nicht notwendig, die Höhe h_c einzuzeichnen, da im rechtwinkligen Dreieck die Katheten aufeinander senkrecht stehen. Die eine Kathete ist jeweils die Höhe auf der anderen Kathete:
$a = h_b$, $b = h_a$, also:

$$A_D = \frac{3\,\text{cm} \cdot 4\,\text{cm}}{2} = 6\,\text{cm}^2.$$

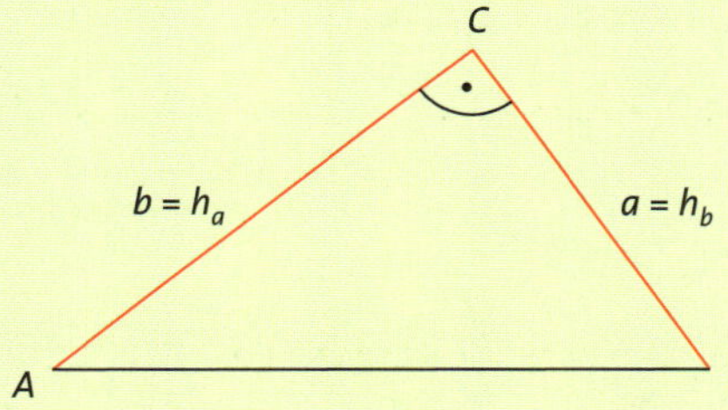

Ein rechtwinkliges Dreieck mit den Katheten *a* und *b* ist ein halbes Rechteck mit den Seiten *a* und *b*.

$$A_{\triangle} = \frac{a \cdot b}{2}$$

Übung 3

Von einem Dreieck *ABC* sind folgende Stücke gegeben:

a) $c = 8$ cm, $h_c = 5$ cm
b) $a = 4{,}6$ cm, $h_a = 2{,}8$ cm
c) $a = 11$ m, $b = 7$ m, $\gamma = 90°$
d) $a = 18$ cm, $b = 12$ cm, $h_a = 9$ cm

Berechne jeweils den Flächeninhalt.

Übung 4

Im Quadrat *ABCD* sind flächengleiche Dreiecke versteckt.
Finde sie, bezeichne sie, und berechne ihren Flächeninhalt.
Zeichne das Quadrat *ABCD* in dein Heft. Es ist durch blaue und schwarze Linien in Figuren zerlegt. Übertrage die dicken Linien in dein Quadrat. Schneide die entstandenen 7 Teile aus.

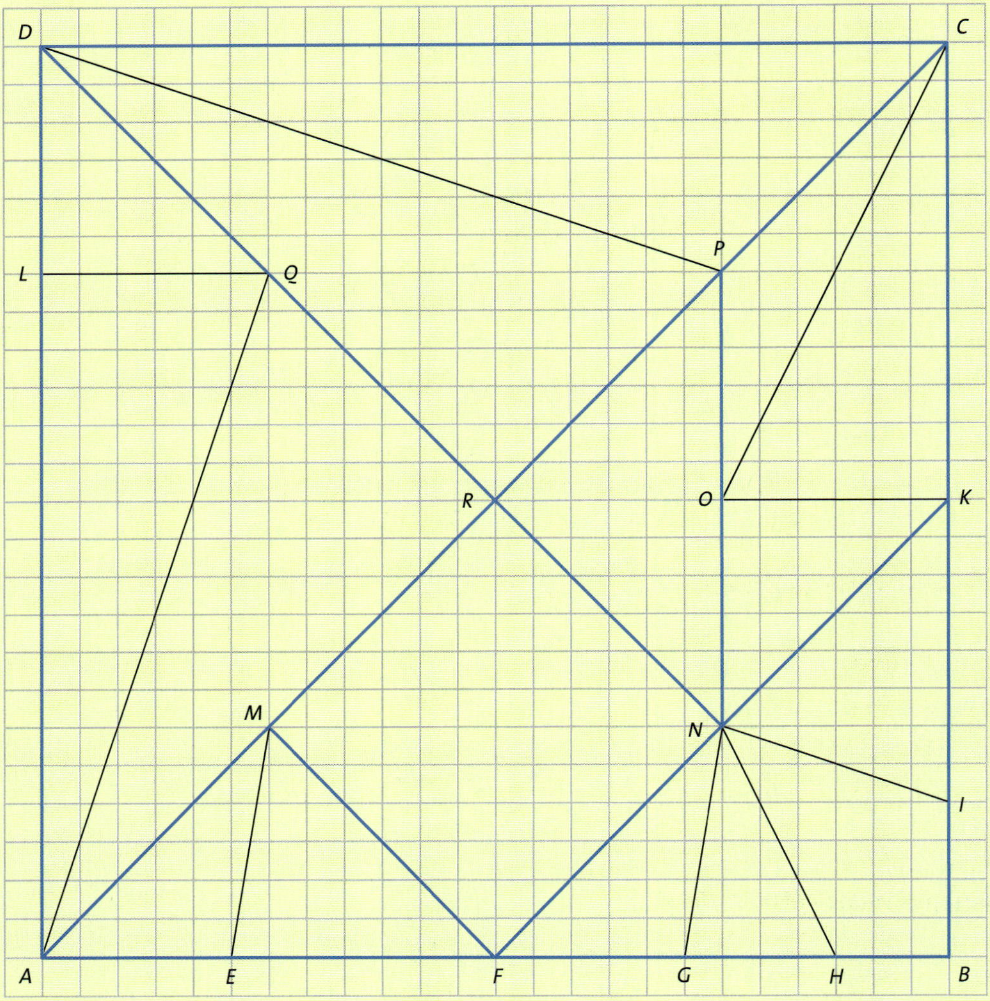

Jetzt besitzt du ein altes chinesisches Legespiel, das TANGRAM. Aus den Teilen kannst du verschiedene Flächen und auch lustige Figuren legen. Du musst immer alle 7 Teile verwenden.

In der folgenden Übersicht findest du den Kenntnisstand über Dreiecke aus der 7. und 8. Klasse.

Übersicht Dreiecke

Das allgemeine Dreieck

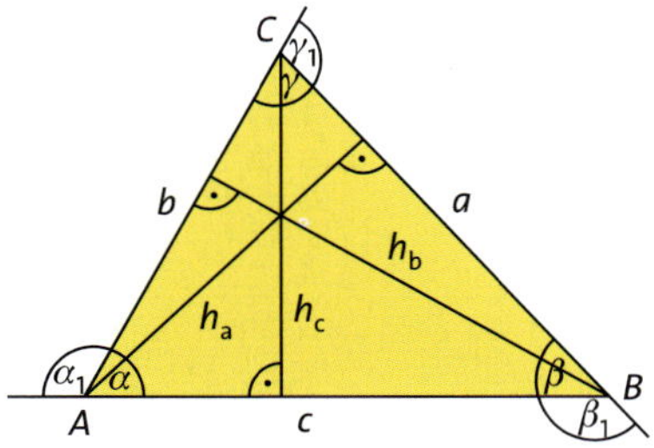

A, B, C	Ecken
a, b, c	Seiten
α, β, γ	Innenwinkel
$\alpha_1, \beta_1, \gamma_1$	Außenwinkel
h_a, h_b, h_c	Höhen

$a + b > c$
$a + c > b$
$b + c > a$
Dreiecks-
ungleichungen

$\alpha + \beta + \gamma = 180°$
Innenwinkelsatz

$\alpha_1 + \beta_1 + \gamma_1 = 360°$
Außenwinkelsatz

Flächeninhalt

$A = \frac{a \cdot h_a}{2}$

$A = \frac{b \cdot h_b}{2}$

$A = \frac{c \cdot h_c}{2}$

$\alpha_1 = \beta + \gamma$	Beziehungen
$\beta_1 = \alpha + \gamma$	zwischen Innen-
$\gamma_1 = \alpha + \beta$	und Außenwinkeln

Das rechtwinklige Dreieck

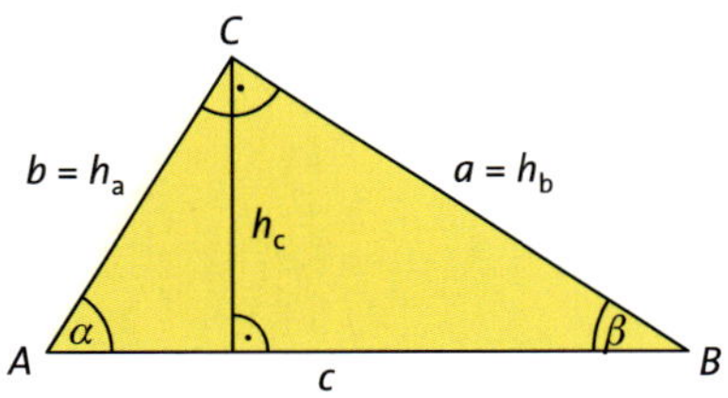

a, b	Katheten
c	Hypotenuse

$\gamma = 90°$
$\alpha + \beta = 90°$

$A = \frac{a \cdot b}{2}$

Das gleichschenklige Dreieck

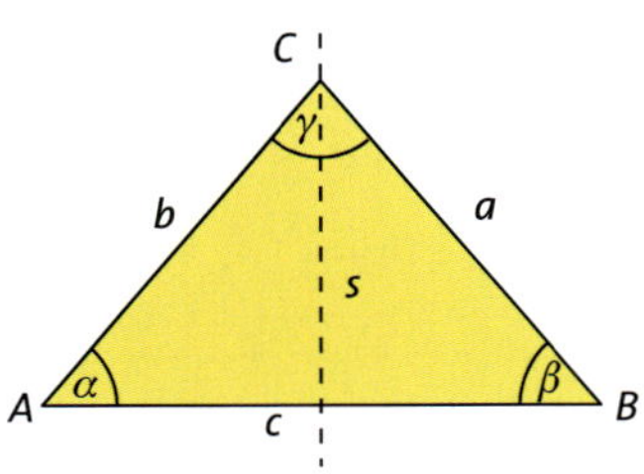

a, b	Schenkel
c	Basis
α, β	Basiswinkel
γ	Winkel an der Spitze
C	Spitze
s	Symmetrieachse

$a = b$

$\alpha = \beta$

Vierecke

1 Das Viereck – Vierecksarten

Wir beschränken uns auf den folgenden Seiten auf geradlinig begrenzte Vierecke ohne einspringende Ecken.

Ein solches Viereck hat:
4 Ecken (Eckpunkte),
4 Seiten (Verbindungsstrecken der Eckpunkte),
4 Winkel (Innenwinkel).
Die Verbindungsstrecken gegenüberliegender Ecken heißen **Diagonalen**.

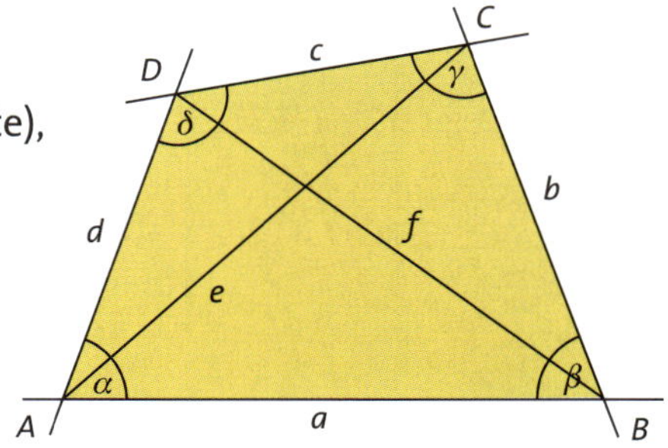

Übung 1

Baut man ein Viereck aus vier Stäben, die an den Ecken lose verschraubt sind, kann man das Viereck bewegen. Es nimmt dabei verschiedene Gestalt an. Nun montiert man eine Diagonale ein. Das Viereck bleibt jetzt starr, auch wenn man die Schrauben nicht fest anzieht. Woran liegt das?

Jede Diagonale zerlegt ein Viereck in zwei Dreiecke. Dabei werden auch zwei Gegenwinkel geteilt:
$\alpha = \alpha_1 + \alpha_2$ und $\gamma = \gamma_1 + \gamma_2$.
Die Innenwinkelsumme eines Vierecks lässt sich nun über die Innenwinkelsumme der beiden Dreiecke *ABC* und *ACD* bestimmen.

Für jedes Viereck gilt:
Die Summe der Innenwinkel beträgt 360°.

In jedem Viereck beträgt die Summe der Außenwinkel 360°.

Jeder Innenwinkel und sein zugehöriger Außenwinkel bildet jeweils einen gestreckten Winkel, also 180°.

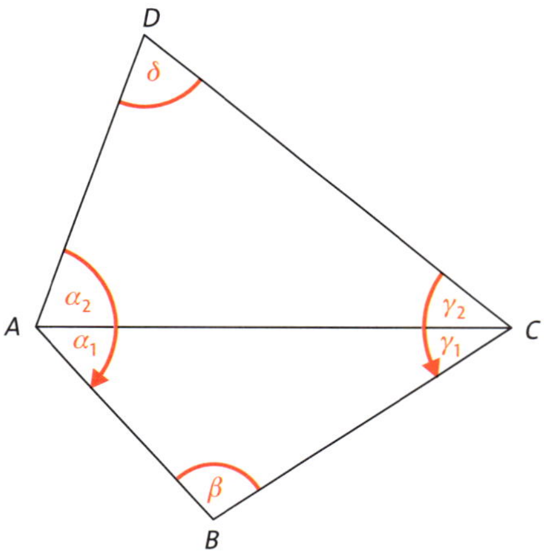

Übung 2

Ergänze die Tabelle. α_1, β_1, γ_1, δ_1 sind die Außenwinkel des Vierecks.

	α	β	γ	δ	α_1	β_1	γ_1	δ_1
a)	120°	60°	140°					
b)			90°			110°		70°
c)			80°	60°			120°	

Die meisten Vierecke, die du in deiner Umgebung siehst (an Häusern, Mauern, Türen, Fenstern, Verpackungen, Werkstücken usw.), sind besonders einfach. Sie sind annähernd **rechteckig** oder gar **quadratisch**.

Übung 3

Du kennst bereits das Rechteck. Was weißt du über

a) die Länge der Gegenseiten,
b) die Länge der Nachbarseiten,
c) die Lage der Gegenseiten,
d) die Lage der Nachbarseiten,
e) die Länge der Diagonalen,
f) den Schnittpunkt der Diagonalen,
g) die Größe der Winkel?

Übung 4

a) Du kennst auch das Quadrat. Treffen alle wesentlichen Eigenschaften des Rechtecks auch auf das Quadrat zu?

b) Welche besonderen Eigenschaften besitzt das Quadrat?

Das musst du dir einprägen:

!

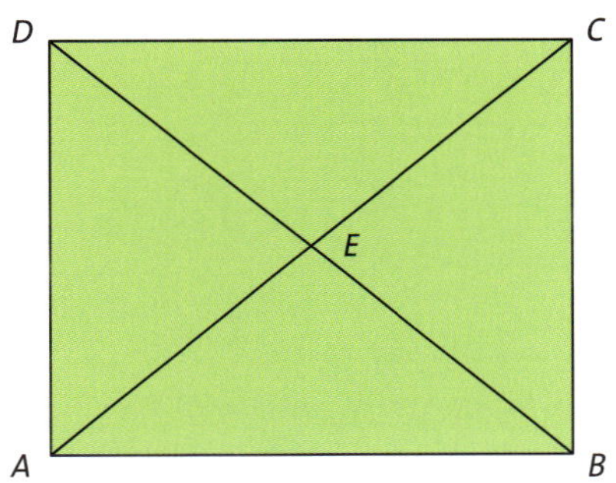

Rechteck

$\overline{AB} = \overline{CD}$; $\overline{BC} = \overline{DA}$

Gegenseiten sind gleich lang.

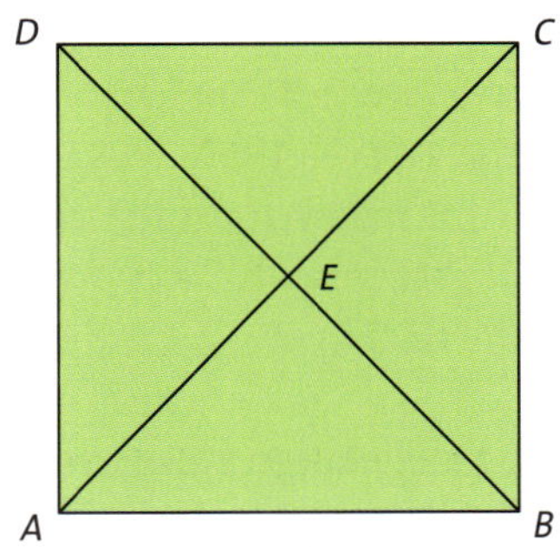

Quadrat

$\overline{AB} = \overline{BC} = \overline{CD} = \overline{DA}$

Alle Seiten sind gleich lang.

$\overline{AB} \perp \overline{BC}$ *und* $\overline{BC} \perp \overline{CD}$ $\overline{CD} \perp \overline{DA}$ *und* $\overline{DA} \perp \overline{AB}$	Nachbarseiten sind zueinander senkrecht.
$\overline{AB} \parallel \overline{CD}$ *und* $\overline{BC} \parallel \overline{DA}$	Gegenseiten sind parallel.
$\alpha = \beta = \gamma = \delta = 90°$	Alle Winkel sind gleich groß.
$\overline{AC} = \overline{BD}$	Diagonalen sind gleich lang.
$\overline{BE} = \overline{ED}$ und $\overline{AE} = \overline{EC}$	Diagonalen halbieren einander.

Man stellt **Trapeze** her, indem man von Dreiecken parallel zu einer Seite eine Ecke abschneidet.

a) **b)** **c)**

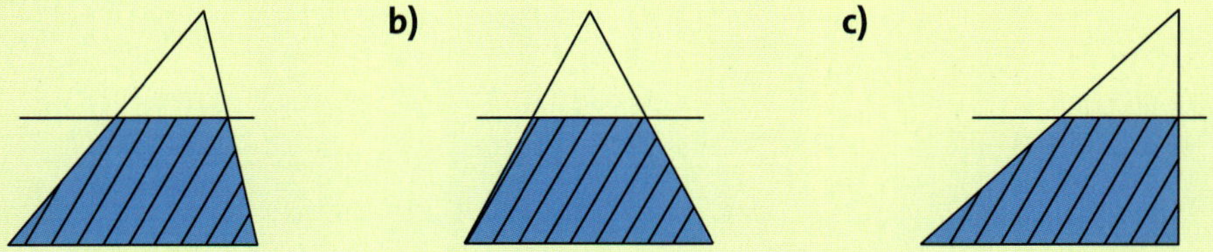

beliebiges Trapez — gleichschenkliges Trapez — rechtwinkliges Trapez

Ein Trapez ist ein Viereck mit wenigstens zwei parallelen Gegenseiten.

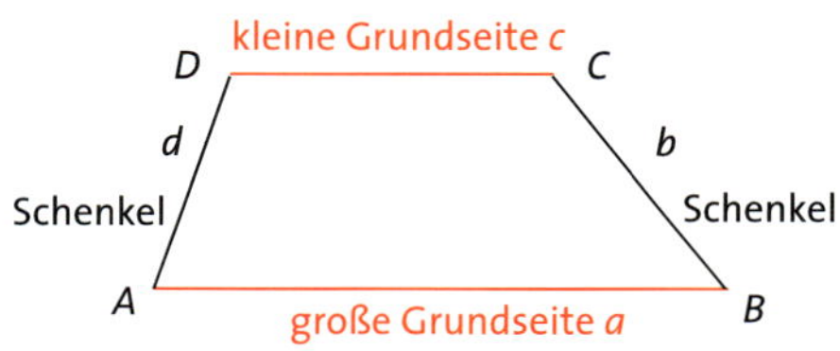

Übung 5

Welche besonderen Eigenschaften entdeckst du am gleichschenkligen Trapez? Beachte

a) die Länge der Schenkel,
b) die Größe der einer Grundseite anliegenden Winkel,
c) die Summe der einem Schenkel anliegenden Winkel,
d) die Summe von Gegenwinkeln,
e) die Länge der Diagonalen,
f) die Symmetrie der Figur.

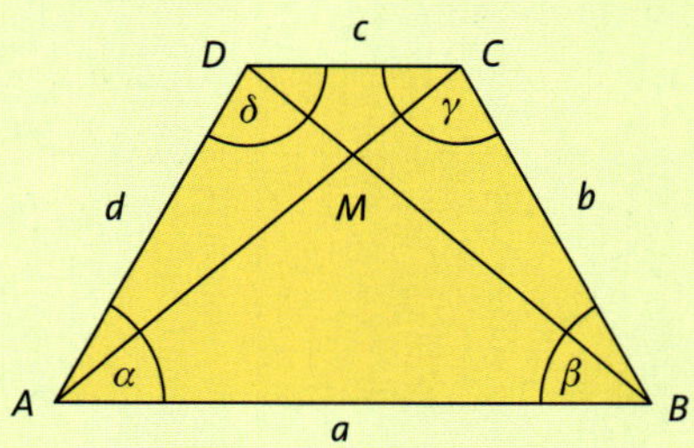

Fügt man je zwei gleich lange Stäbe wie im Bild unten zusammen, entsteht ein bewegliches Viereck. Wenn man darauf achtet, dass Nachbarseiten rechtwinklig zueinander liegen, entsteht ein Rechteck.
Andernfalls entstehen Vierecke, bei denen zwar die Gegenseiten noch gleich lang und parallel sind, aber keine rechten Winkel mehr auftreten.

Solche Vierecke heißen **Parallelogramme**.

Ein Parallelogramm ist ein Viereck mit parallelen Gegenseiten.

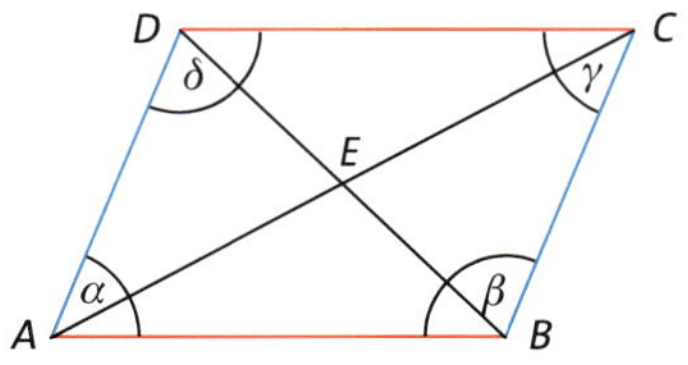

Übung 6

Stelle weitere wichtige Eigenschaften eines Parallelogramms zusammen. Betrachte

a) die Länge von Gegenseiten,
b) die Länge von Nachbarseiten,
c) die Länge der Diagonalen,
d) den Schnittpunkt der Diagonalen,
e) die Größe von Gegenwinkeln,
f) die Summe benachbarter Winkel.

Was vermutest du? Begründe deine Vermutungen.

Die Vermutung liegt nahe, dass die Diagonalen im Parallelogramm einander halbieren.
Es müsste also $\overline{AE} = \overline{EC}$ und $\overline{BE} = \overline{ED}$ sein.
Die Diagonalenstücke $\overline{AE}, \overline{EC}, \overline{BE}, \overline{ED}$ sind Seiten von Dreiecken.
Für die Dreiecke *ABE* und *ECD* gilt:

$\overline{AB} = \overline{CD}$ (Gegenseiten im Parallelogramm)
$\alpha_1 = \gamma_1$ (jeweils Wechselwinkel an den
$\beta_1 = \delta_1$ geschnittenen Parallelen *AB* und *CD*)

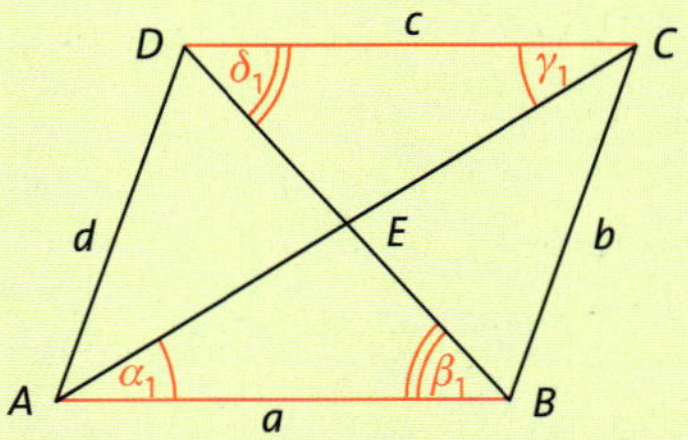

Die Dreiecke *ABE* und *ECD* stimmen also in einer Seite und den anliegenden Winkeln überein (wsw). Folglich stimmen sie in allen Seiten und Winkeln überein. Damit ist gezeigt, dass die Diagonalen einander halbieren.

Unser Gelenkviereck bestand aus je zwei gleich langen Stäben.
Welche Vierecke ergeben sich, wenn alle Stäbe gleich lang sind?
Es entsteht ein Quadrat, wenn man die Seiten senkrecht zueinander hält. Ein Quadrat ist eine spezielle Art des Rechtecks. Das bewegliche Quadrat kann zu einer besonderen Art von Parallelogrammen verformt werden.

Solche Parallelogramme heißen **Rhomben** oder **Rauten**.
(Einzahl: der Rhombus, die Raute)

!

Ein Rhombus ist ein Viereck,
in dem alle Seiten gleich lang sind.

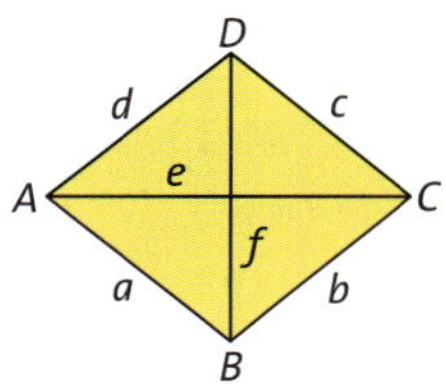

Übung 7

Welche weiteren besonderen Eigenschaften hat ein Rhombus?
Betrachte vor allem die Lage der Diagonalen und die Größe der Gegenwinkel.

Übung 8

a) Nun hast du schon mehrere Arten von Dreiecken und Vierecken kennen gelernt. In der Abbildung sind Dreiecke und Vierecke versteckt. Welche Figuren erkennst du?

b) Bezeichne die jeweilige Figur mit Hilfe der Eckpunkte.
Wie viele Kästchen enthält sie?

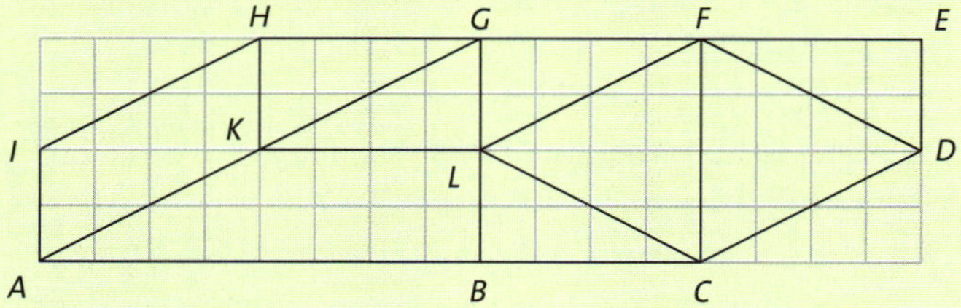

Nun wollen wir einen Drachen bauen. So soll er aussehen:

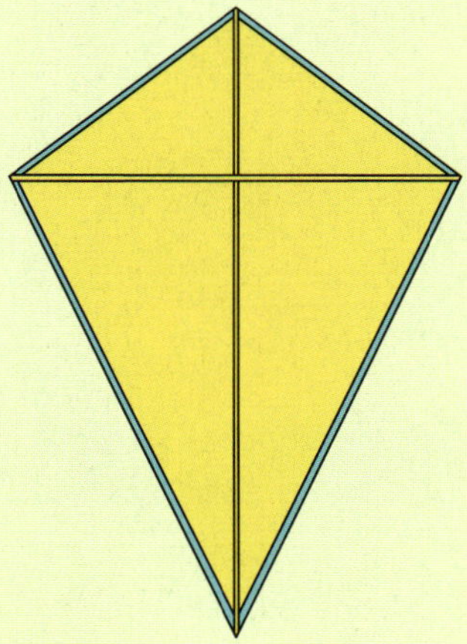

Das Gerüst des Drachens ist ein Viereck. Vierecke sind nicht stabil, aber der Drachen hat im kräftigen Wind einiges auszuhalten. Damit er stabil wird, müssen auch die Diagonalen eingebaut werden. Wie du siehst, entstehen dadurch Dreiecke. Und die sind stabil.

Übung 9

Die obige Abbildung zeigt das Drachengerüst im Maßstab 1 : 20. Wie viele Leisten brauchst du für einen solchen Drachen? Wie lang müssen die Leisten sein?

! Ein Drachenviereck ist ein Viereck mit einer Symmetrieachse.

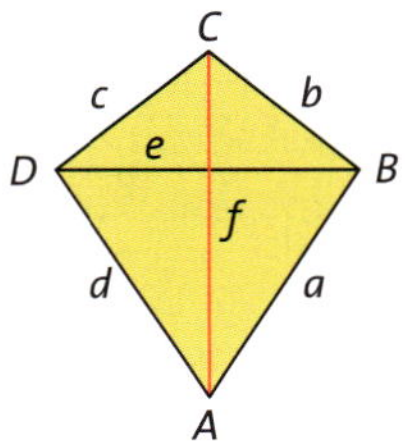

Übung 10

Das Drachenviereck hat im Vergleich zu den bisher genannten Vierecksarten ebenfalls besondere Eigenschaften. Nenne sie!
Beachte besonders die Symmetrie der Figur und was sich daraus für

a) die Länge der Seiten,
b) die Lage der Diagonalen,
c) die Größe der Winkel ergibt.

Übung 11

Zeichne einen Rhombus und ein Quadrat, und trage die Diagonalen ein.

a) Begründe, weshalb diese Figuren Drachenvierecke sind.
b) Zeichne alle Symmetrieachsen ein.

2 Konstruktionen

Vierecke kann man sich aus zwei Dreiecken zusammengesetzt denken.
Wenn ich Dreiecke konstruieren kann, so kann ich auch Vierecke konstruieren.

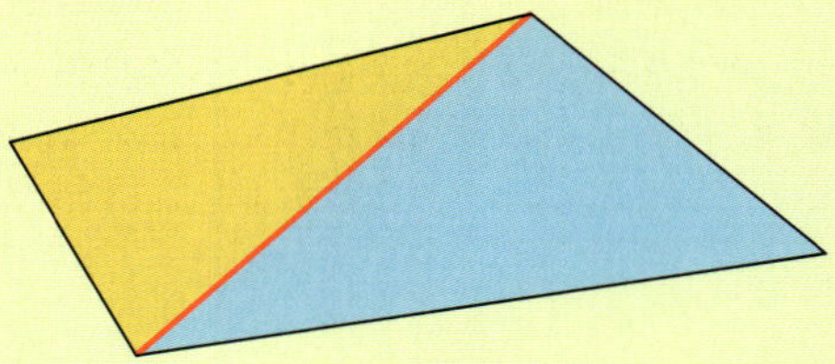

Um ein Dreieck eindeutig konstruieren zu können, brauchen wir mindestens 3 Stücke. Sie müssen den Bedingungen eines Kongruenzsatzes genügen. Um das zweite Dreieck anzubauen, brauchen wir nur noch 2 Stücke, insgesamt also 5!

Beispielaufgabe

Konstruiere ein Viereck *ABCD* aus $a = 6$ cm, $b = 4$ cm, $c = 3$ cm, $d = 3$ cm, $\beta = 60°$!
Zunächst skizziere ich ein Viereck und markiere die gegebenen Stücke. Aus der Skizze ersehe ich:
Zunächst kann ich das Teildreieck *ABC* eindeutig konstruieren, denn es sind zwei Seiten und der eingeschlossene Winkel gegeben (sws).
Vom zweiten Teildreieck *ACD* ist damit schon eine Seite vorhanden. Das ist eine Diagonale des gesuchten Vierecks. Da auch noch *c* und *d* gegeben sind, lässt sich auch dieses Teildreieck eindeutig konstruieren (sss).

Skizze:

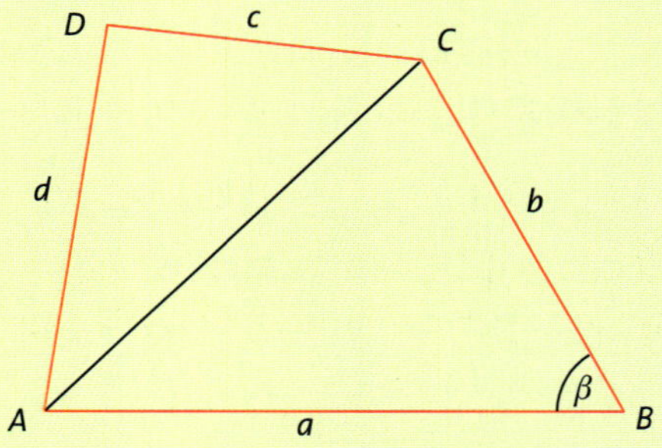

Übung 1

a) Führe die Konstrukion dieses Vierecks aus.
b) Konstruiere ein Quadrat mit der Seite $a = 3{,}5$ cm.

Du willst ein Trapez kontruieren. Im Namen „Trapez" ist versteckt, dass zwei Gegenseiten zueinander parallel sind. Wenn also z. B. von einem Trapez die Seiten *a* und *b* und der eingeschlossene Winkel β gegeben sind, so ist nicht nur das Teildreieck *ABC* eindeutig bestimmt. Du weißt auch, dass *c* parallel zu *a* liegen muss. Damit steht die Größe des Winkels γ fest. Ist z. B. noch *c* gegeben, so lässt sich das Teildreieck *ACD* eindeutig konstruieren. Du kommst also mit 4 (geeigneten) Stücken aus. Für die eindeutige Konstruktion eines beliebigen Trapezes benötigt man mindestens 4 Stücke.

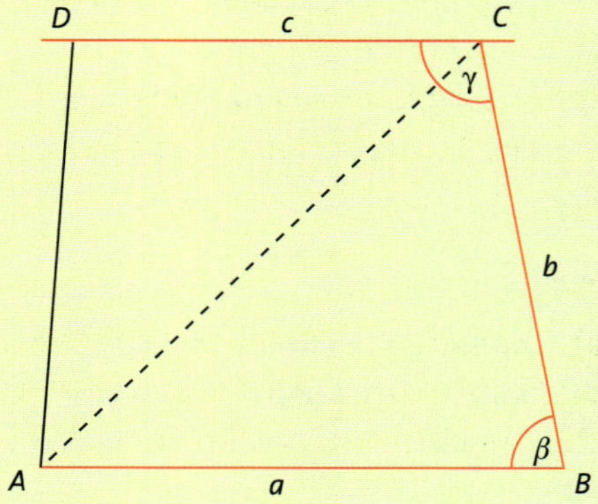

Übung 2

Konstruiere ein Trapez aus $a = 7$ cm, $d = 3$ cm, $\alpha = 55°$, $\beta = 45°$.

Rechtwinklige oder gleichschenklige Trapeze kann man schon aus 3 Stücken konstruieren. Mach dir stets in einer Skizze die Lage der gegebenen Stücke klar!

Übung 3

a) Konstruiere ein rechtwinkliges Trapez aus $a = 4{,}5$ cm, $b = 2{,}5$ cm, $\alpha = 50°$.
b) Konstruiere ein gleichschenkliges Trapez aus $a = 4{,}5$ cm, $d = 2{,}5$ cm, $\alpha = 50°$.
c) Konstruiere ein Trapez aus $a = 3{,}6$ cm, $b = 2{,}3$ cm, $d = 2$ cm, $\alpha = 75°$.
Warum gibt es zwei Lösungen?

Im Namen Parallelogramm ist enthalten, dass Gegenseiten zueinander parallel sein müssen. Und du weißt auch, dass die Gegenseiten gleich lang sind. Somit kannst du schon aus 3 geeigneten Stücken ein Parallelogramm konstruieren.

Übung 4

Konstruiere ein Parallelogramm aus $a = 4{,}5$ cm, $d = 3{,}2$ cm, $\alpha = 70°$.

Ein Rhombus ist ein spezielles Parallelogramm mit gleich langen Seiten.
Da genügen eventuell schon 2 Stücke.

Übung 5

Konstruiere einen Rhombus aus $a = 2{,}7$ cm, $\gamma = 40°$.

Beim Drachenviereck sind je zwei Nachbarseiten gleich lang und es ist symmetrisch bezüglich einer Diagonalen.

Übung 6

Konstruiere ein Drachenviereck aus $a = 3{,}5$ cm, $b = 2{,}5$ cm, $\gamma = 30°$.

Unter den folgenden Aufgaben gibt es lösbare und unlösbare, eindeutige und mehrdeutige. Es treten auch noch andere gegebene Stücke auf (z. B. Höhen, Diagonalen).

Übung 7

a) Konstruiere ein Parallelogramm aus $a = 6{,}5$ cm, $b = 2$ cm, $\delta = 130°$.
b) Konstruiere ein Trapez aus $a = 5$ cm, $h = 2$ cm, $\alpha = 70°$, $\beta = 40°$.
c) Konstruiere einen Rhombus aus $a = 4$ cm, $\alpha = 150°$.

Übung 8

a) Ein Wassertrog hat als Querschnitt ein gleichschenkliges Trapez. Die obere Kante ist 60 cm breit, die untere 40 cm. Der Trog ist 35 cm tief.
Zeichne den Querschnitt im Maßstab 1:10.
Welche Winkel treten am Trapez auf?
Wie lang sind die vorderen Seitenkanten des Trogs.

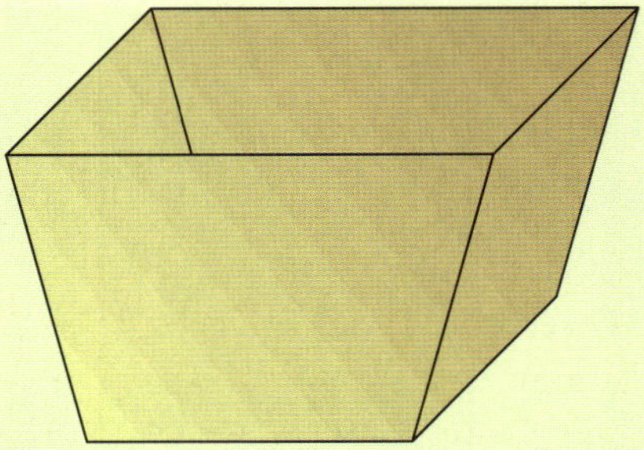

b) Ein Deich hat einen trapezförmigen Querschnitt. Die Dammkrone ist 3 m breit. Die Deichhöhe beträgt 2 m.
Die Böschungswinkel betragen $\alpha = 35°$ und $\beta = 30°$.
Konstruiere den Querschnitt des Deiches im Maßstab 1 : 100.

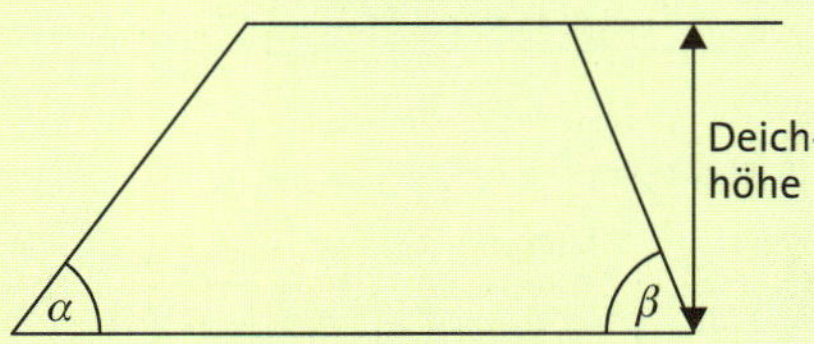

Übung 9

a) Konstruiere ein Drachenviereck aus $e = 4$ cm, $f = 3{,}2$ cm, $c = 2{,}2$ cm.
b) Konstruiere ein Parallelogramm aus $a = 4$ cm, $b = 3$ cm, $c = 4$ cm.
c) Konstruiere einen Rhombus aus $a = 2$ cm, $e = 6$ cm.
d) Konstruiere ein Trapez aus $a = 6{,}5$ cm, $b = 4$ cm, $c = 2{,}5$ cm, $d = 3$ cm.

3 Berechnungen

Umfang
$u = a + b + c + d$
Der Umfang ist die Summe der Länge aller vier Seiten.

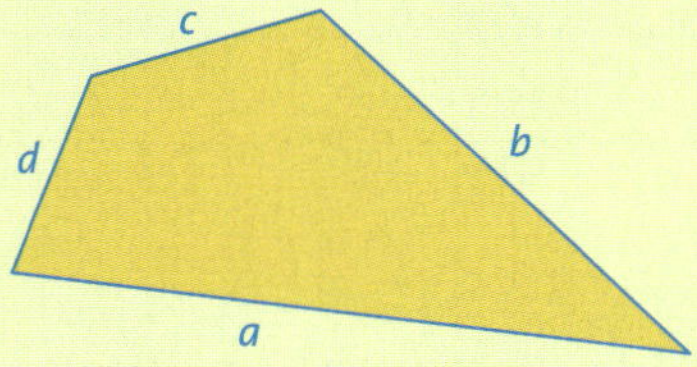

Flächeninhalt

Die Berechnung des Flächeninhalts eines Vierecks stelle ich mir so vor:
Ich zerlege das Viereck durch eine Diagonale in zwei Dreiecke. Dann ermittle ich die Flächeninhalte beider Dreiecke und addiere sie.

$A_{Viereck} = A_1 + A_2$

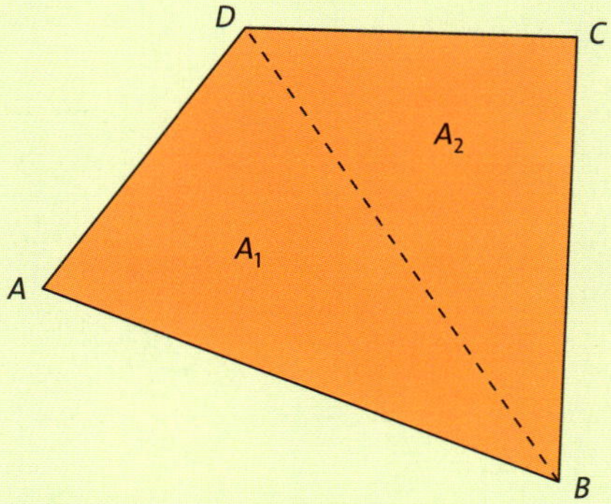

Dazu reicht es aber nicht, die Seitenlängen zu kennen. Wir müssen in jedes Teildreieck noch eine geeignete Höhe einzeichnen und ausmessen.
Die Berechnung von Vierecken ist für dich gar nicht neu. Du kannst schon Rechtecke und Quadrate berechnen, ohne sie erst in Dreiecke zu zerlegen.

Übung 1

a) Berechne Umfang und Flächeninhalt eines Rechteckes mit den Seiten $a = 10{,}5$ cm und $b = 15{,}0$ cm. Das sind näherungsweise die Abmessungen einer Postkarte.

b) Ermittle Umfang und Flächeninhalt eines Quadrates mit der Seite $a = 40$ cm. Das ist ungefähr die Sitzfläche eines Stuhles.

Übung 2

Lucas interessiert sich für die Abmessungen eines Fußballfeldes. Aus einem Lexikon entnimmt er die Normgrößen
(L ≙ Länge, B ≙ Breite).

Spielfeld: L = 105,0 m, B = 70,0 m
Strafraum: L = 40,3 m, B = 16,5 m
Torraum: L = 18,3 m, B = 5,5 m

Berechne die Flächen des Spielfeldes, des Strafraumes und des Torraumes.

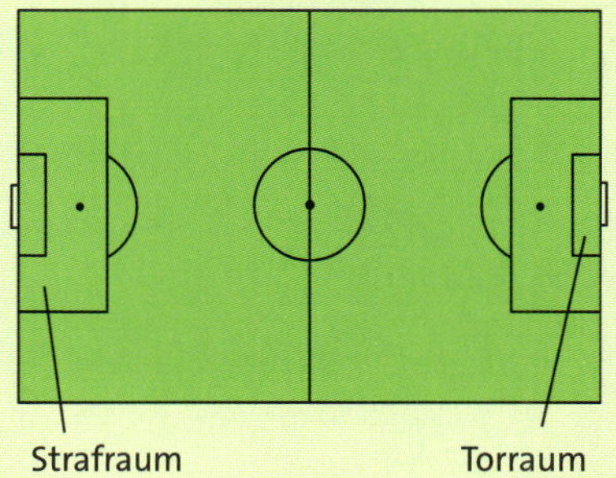

Für spezielle Vierecksarten gibt es Berechnungsformeln. Für Rechtecke und Quadrate hast du sie schon verwendet.

	Umfang	Flächeninhalt
Rechteck	$u = 2 \cdot a + 2 \cdot b$	$A = a \cdot b$
Quadrat	$u = 4 \cdot a$	$A = a^2$

Ein Trapez lässt sich durch eine Diagonale in zwei Teildreiecke *ABC* und *ACD* zerlegen. Sie haben beide eine gleiche Höhe *h*. Im Dreieck *ABC* steht die Höhe *h* auf der Grundseite *a*, im Dreieck *ACD* auf der Seite *c*.

$$A_{ABCD} = A_{ABC} + A_{ACD}$$
$$= \frac{a}{2} \cdot h + \frac{c}{2} \cdot h$$

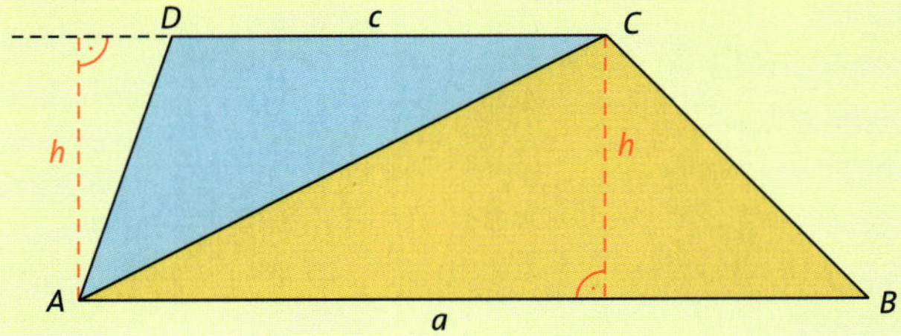

Nach dem Distributivgesetz ergibt sich:

!

$$A_{Trapez} = \frac{a+c}{2} \cdot h$$

Ebenso kannst du beim Parallelogramm verfahren.

$$A_{ABCD} = A_{ABD} + A_{BCD}$$
$$= \frac{1}{2} \cdot g \cdot h + \frac{1}{2} \cdot g \cdot h$$

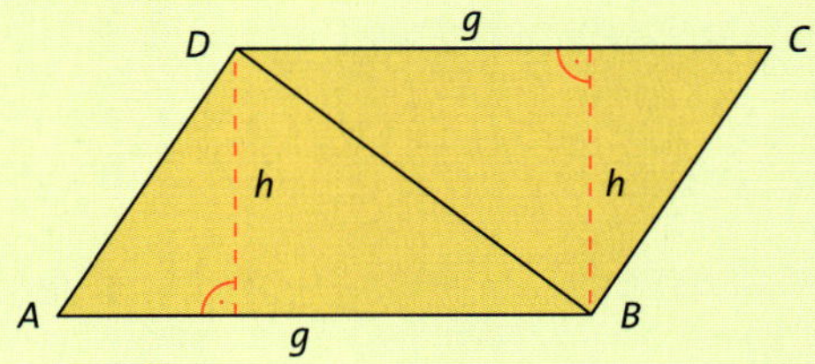

!

$$A_{Parallelogramm} = g \cdot h$$

Übung 3

a) Von einem Trapez sind die Grundseiten $a = 7$ cm und $c = 4$ cm sowie die Höhe $h = 3$ cm bekannt. Berechne den Flächeninhalt.

b) Bereche den Flächeninhalt eines Parallelogramms mit der Seite $a = 3{,}2$ cm und der zugehörigen Höhe $h_a = 2{,}5$ cm.

In einem Drachenviereck ist eine Diagonale Symmetrieachse. Sie zerlegt das Drachenviereck in zwei Dreiecke *ABC* und *ACD*, die die gleiche Grundseite *f* und die gleiche Höhe $\frac{e}{2}$ haben.

Ein Teildreieck hat den Flächeninhalt

$$A_{ABC} = \frac{1}{2} \cdot \frac{e}{2} \cdot f$$
$$= \frac{e \cdot f}{4}.$$

Das Drachenviereck *ABCD* hat den doppelten Flächeninhalt.

$\overline{AC} = f$
$\overline{BD} = e$

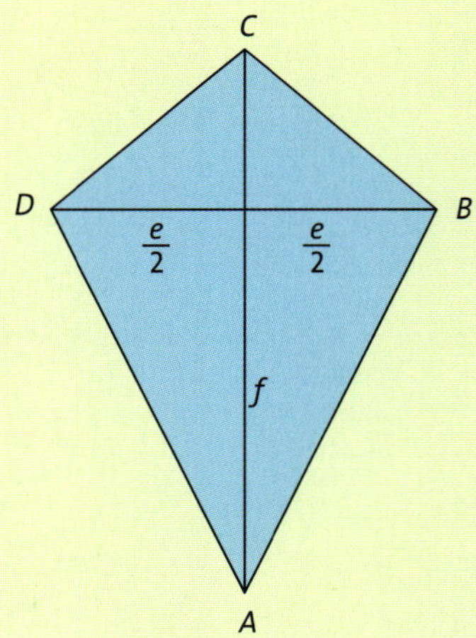

!

$$A_{Drachenviereck} = \frac{e \cdot f}{2}$$

Da ein Rhombus ein spezielles Drachenviereck ist, gilt für den Flächeninhalt:

!

$$A_{Rhombus} = \frac{e \cdot f}{2}$$

Übung 4

Von einem Rhombus sind die Diagonalen $e = 6$ cm, $f = 8$ cm, die Seite $a = 5$ cm und die Höhe $h = 4{,}8$ cm bekannt. Berechne den Flächeninhalt.

a) mit der Formel für Parallelogramme,

b) mit der Formel für Drachenvierecke.

Übung 5

Berechne den Flächeninhalt des in ein Raster gezeichneten Quadrates mit Hilfe der Formel für den Rhombus.

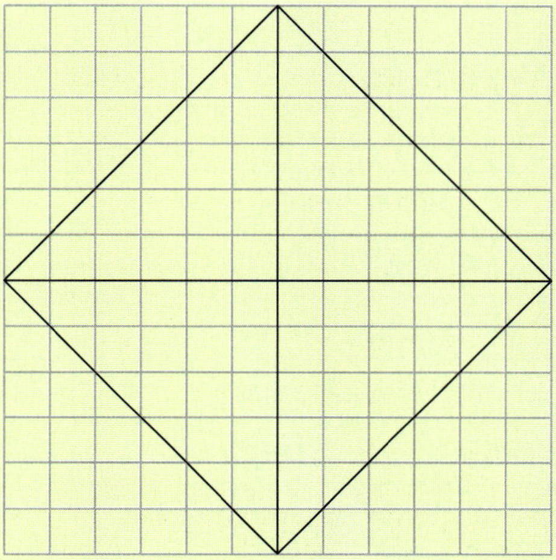

Übung 6

In einem Koordinatensystem sind Vierecke mit folgenden Koordinaten eingezeichnet (Einheit: 1 cm):

a) $A(4;2)$, $B(6;7)$, $C(4;9)$, $D(2;7)$

b) $A(1;1)$, $B(4;4)$, $C(4,10)$, $D(1;7)$

c) $A(3;2)$, $B(6;2)$, $C(7{,}5;4{,}5)$, $D(1{,}5;4{,}5)$

Zeichne die Figuren in ein Koordinatensystem.

Wie heißt die jeweilige Figur?

Berechne den Flächeninhalt!

4 Übersichten

Übung 1

a) Du kennst die Eigenschaften der Viereckarten. Fülle die Tabelle aus. Setze ein Kreuz, wenn die Eigenschaft zutrifft, einen Strich, wenn sie nicht zutrifft. (T = Trapez, P = Parallelogramm, Re = Rechteck, Q = Quadrat, Rho = Rhombus, D = Drachenviereck)

Eigenschaften	T	P	Re	Q	Rho	D
mindestens 1 Paar Seiten parallel						
2 Paar Seiten parallel						
mindestens 1 Paar Seiten gleich lang						
2 Paar Seiten gleich lang						
Gegenseiten gleich lang						
alle Seiten gleich lang						
mindestens 1 Paar Gegenwinkel gleich groß						
2 Paar Gegenwinkel gleich groß						
Nachbarseiten zueinander senkrecht						
Diagonalen gleich lang						
Diagonalen halbieren einander						
Diagonalen zueinander senkrecht						
mindestens eine Symmetrieachse						
mindestens zwei Symmetrieachsen						
4 Symmetrieachsen						

b) Wenn du die Tabelle vollständig und richtig ausgefüllt hast, kannst du daraus Beziehungen zwischen den Viereckarten ablesen. So hat z.B. ein Rechteck alle Eigenschaften eines Parallelogramms. Also kannst du ein Rechteck als ein spezielles Parallelogramm auffassen.
Welche Beziehungen dieser Art kannst du noch entdecken?

Übung 2

Hier ist mehr drin.

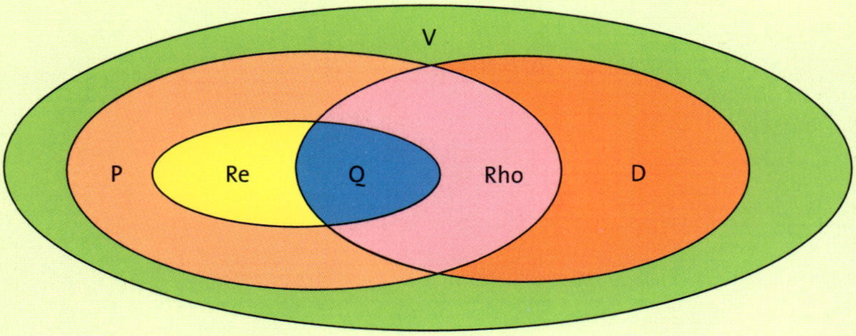

a) Welche Vierecksarten gehören zu den Drachenvierecken?
b) Welche Vierecksarten gehören zu den Parallelogrammen?
c) Was kannst du noch ablesen?

Übung 3

a) Was bedeuten die roten Linien?
b) Was besagen die Zahlen in jeder „Zeile"?
(Denke an die Konstruktion der Vierecke!)

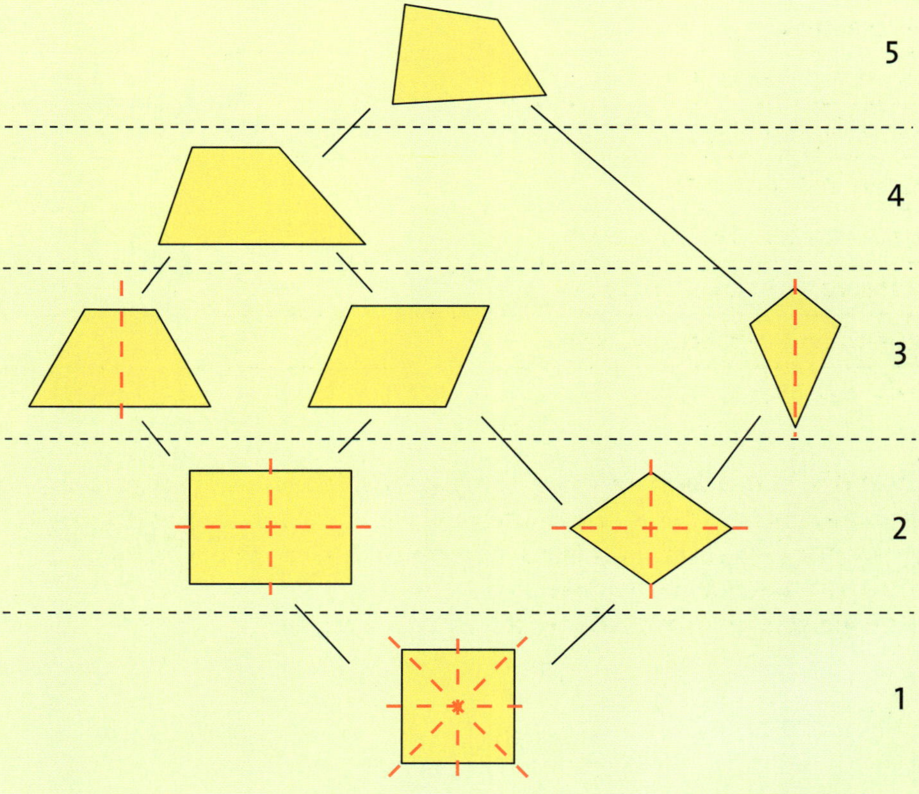

Übersicht Vierecke

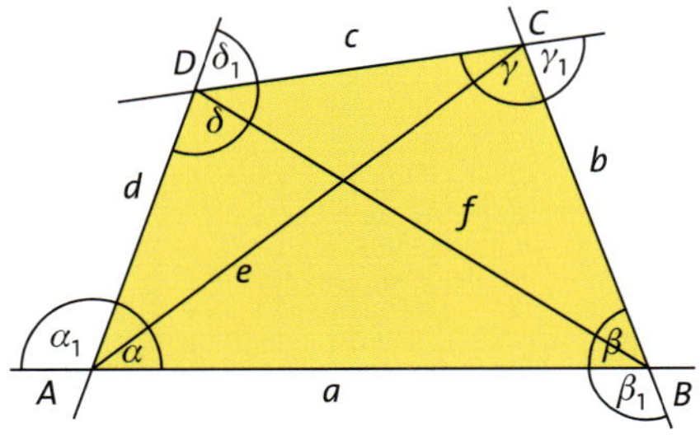

$\alpha + \beta + \gamma + \delta = 360°$

$\alpha_1 + \beta_1 + \gamma_1 + \delta_1 = 360°$

$A = A_{\triangle ABC} + A_{\triangle ACD}$

$u = a + b + c + d$

Quadrat

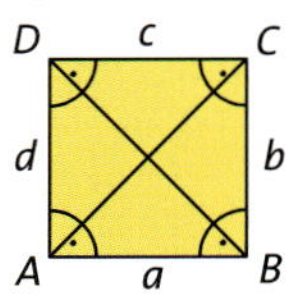

$a = b = c = d$
$\alpha = \beta = \gamma = \delta = 90°$
$a \parallel c;\ b \parallel d$
$e = f;\ e \perp f$

$A = a^2$
$u = 4 \cdot a$

Rechteck

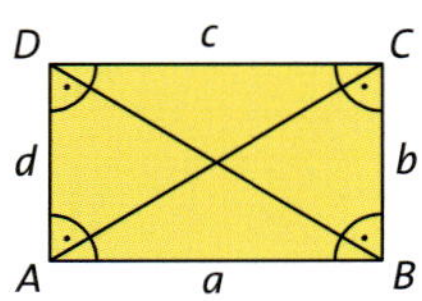

$a = c;\ b = d$
$\alpha = \beta = \gamma = \delta = 90°$
$a \parallel c;\ b \parallel d$
$e = f$

$A = a \cdot b$
$u = 2 \cdot (a + b)$

Prallelogramm

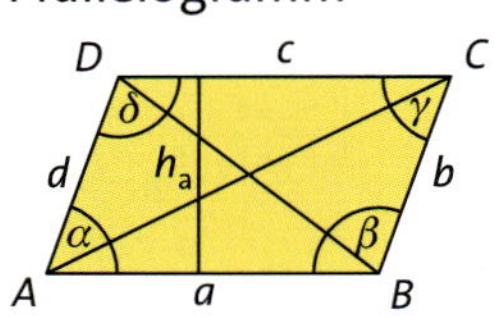

$a = c;\ b = d$
$\alpha = \gamma;\ \beta = \delta$

$A = a \cdot h_a$
$u = 2 \cdot (a + b)$

Rhombus (Raute)

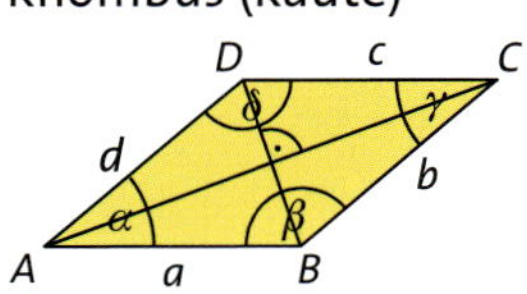

$a = b = c = d$
$\alpha = \gamma;\ \beta = \delta$
$e \perp f$

$A = \frac{e \cdot f}{2}$

$u = 4 \cdot a$

Trapez

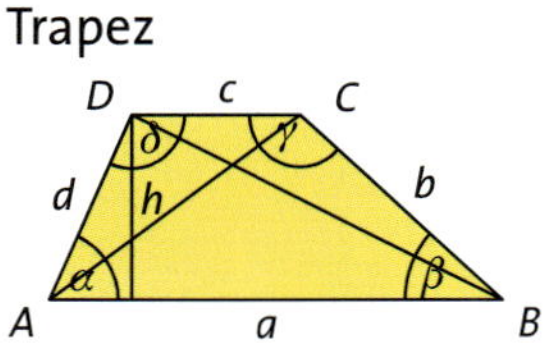

$a \parallel c$

$A = \frac{a + c}{2} \cdot h$

$u = a + b + c + d$

Drachenviereck

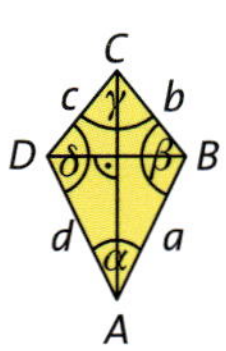

$a = d;\ b = c$
$\beta = \delta$
$e \perp f$

$A = \frac{e \cdot f}{2}$

$u = 2 \cdot (a + b)$

Einführung in die Raumgeometrie

1 Punkte, Geraden, Ebenen im Raum

Bisher haben wir ebene Geometrie oder auch zweidimensionale Geometrie betrieben. Dabei haben wir uns mit Figuren beschäftigt, die in der Zeichenebene liegen – zum Beispiel mit Geraden, Dreiecken oder Vierecken.
In diesem Kapitel findest du räumliche oder auch dreidimensionale Probleme. Hier geht es um Geraden und Ebenen im Raum und um Körper, wie zum Beispiel Würfel, Pyramiden und Prismen. Wir beginnen mit dem genaueren Betrachten eines Würfels. Unten siehst du ein **Schrägbild** eines Würfels. Wie man ein solches Schrägbild zeichnet, werden wir im nächsten Abschnitt genauer behandeln.

Die unsichtbaren Kanten sind gestrichelt eingezeichnet. Kannst du dir den Würfel vorstellen?

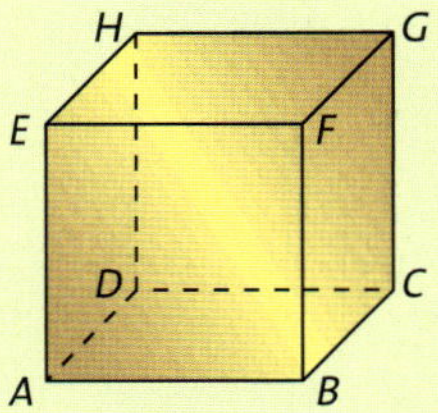

Denkt man sich eine Begrenzungsfläche des Würfels nach allen Seiten unbegrenzt erweitert, so erhält man eine Ebene.
Jede Ebene lässt sich durch drei nicht auf einer Geraden liegende Punkte festlegen. Die in nebenstehender Zeichnung angedeutete Ebene *E* wird zum Beispiel durch die Punkte *A*, *D* und *H* oder durch die Punkte *D*, *H* und *E* festgelegt.
Hieraus ergeben sich als mögliche Schreibweisen für die Ebene *E*: Ebene *ADH* bzw. Ebene *DHE*.

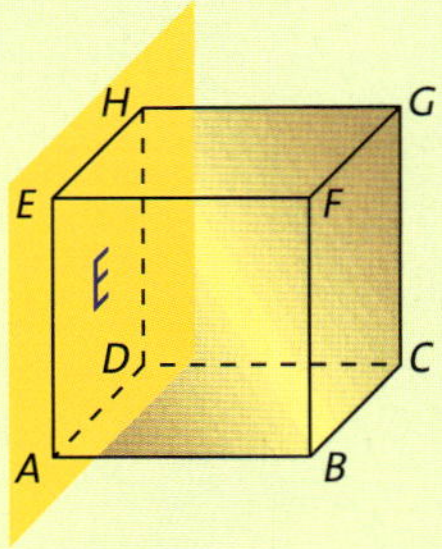

Übung 1

a) Bezeichne sämtliche Ebenen, die eine Begrenzungsfläche des Würfels mit dem Punkt *F* enthalten.

b) Bezeichne sämtliche Ebenen, die die Diagonale *HF* und einen weiteren Eckpunkt des Würfels enthalten.

Wenn man eine Würfelkante, z. B. *AE* in beiden Richtungen unbegrenzt verlängert, erhält man eine Gerade im Raum. Welche Möglichkeiten gibt es für die Lage von zwei verschiedenen Geraden im Raum?

Die Geraden *AE* und *EH* liegen in einer Ebene und **schneiden** sich im Punkt *E*.

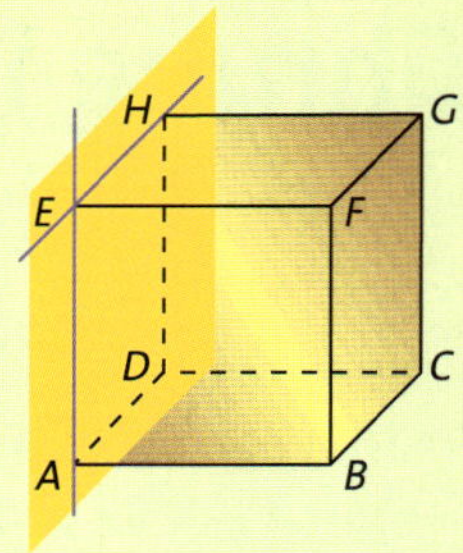

Die Geraden *AE* und *DH* liegen in einer Ebene und schneiden sich nicht.
Solche Geraden nennt man **parallel**.

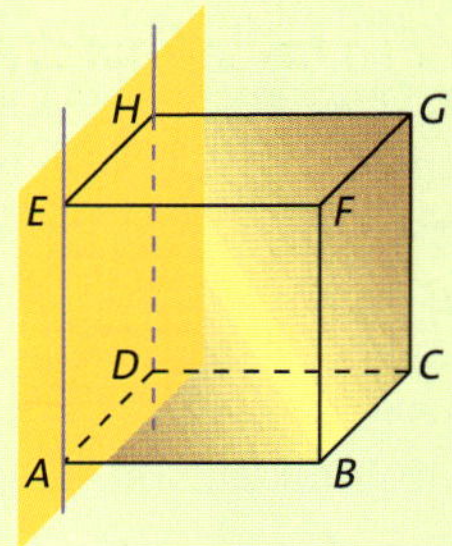

Die Geraden *AE* und *BC* liegen nicht in einer Ebene und schneiden sich nicht.
Solche Geraden nennt man **windschief**.

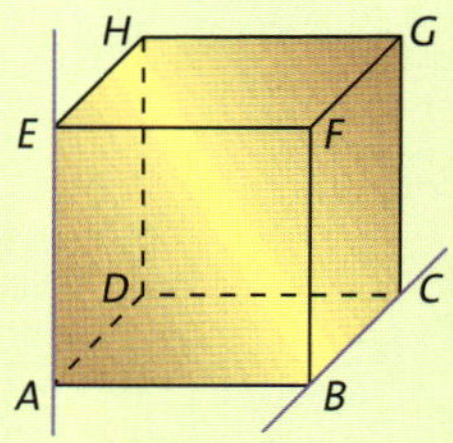

Wir fassen zusammen:

Zwei Geraden im Raum heißen parallel, wenn sie in einer Ebene liegen und sich nicht schneiden.
Zwei Geraden im Raum heißen windschief, wenn sie nicht in einer Ebene liegen.

Übung 2

Betrachte alle Geraden, die durch zwei Würfelecken gehen (auch solche, die Diagonalen oder Raumdiagonalen enthalten). Verwende die Abbildung über der Merkregel.

a) Welche Geraden sind parallel zu *BC*?
b) Welche Geraden schneiden *BC*?
c) Welche Geraden sind windschief zu *BC*?

Nun wollen wir die gegenseitige Lage von zwei verschiedenen Ebenen anhand unseres Würfels untersuchen.

Die Ebenen E_1 und E_2 schneiden sich in der Geraden *DH*.
Man sagt: *DH* ist **Schnittgerade** der beiden Ebenen.

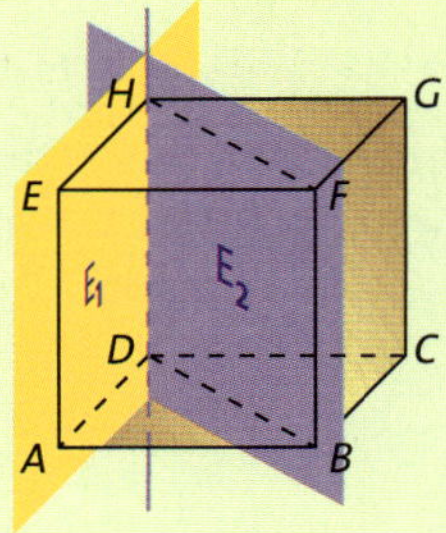

Die Ebenen E_1 und E_2 schneiden sich nicht.
Solche Ebenen heißen **parallel**.

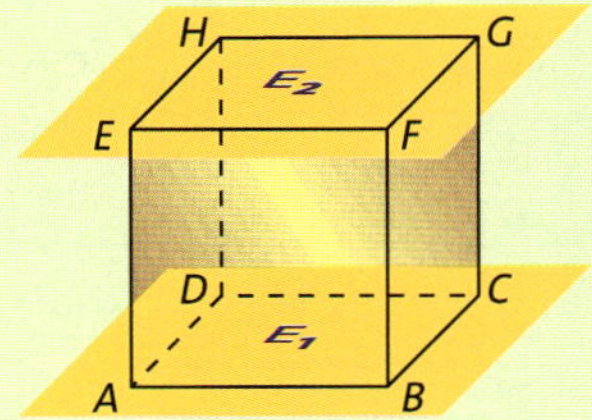

! Zwei verschiedene Ebenen heißen parallel, wenn sie sich nicht schneiden.

Übung 3

Betrachte alle Ebenen, die durch drei Würfelecken gehen. Verwende die Abbildung über der Merkregel.

a) Welche Ebenen sind parallel zur Ebene *ADE*?

b) Welche Ebenen schneiden die Ebene *ADE*?

Bei der gegenseitigen Lage einer Geraden und einer Ebene gibt es einen Sonderfall.

Die Gerade *AB* steht senkrecht auf den Geraden *AD* und *AE*, die beide in *E* liegen. Man sagt:
Die Gerade *AB* steht senkrecht auf *E*.
Die Gerade *EB* dagegen steht zwar senkrecht auf *EH*, aber es lässt sich keine zweite Gerade in *E* finden, auf der die Gerade *EB* senkrecht steht.
EB steht nicht senkrecht auf *E*.

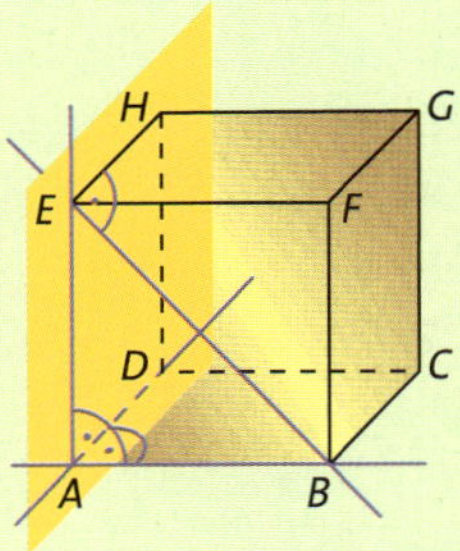

! Eine Gerade steht senkrecht auf einer Ebene, wenn sie auf zwei Geraden der Ebene senkrecht steht.

Übung 4

Auf welchen Ebenen durch die Ecken des Würfels steht die Gerade *FB* senkrecht?
Nenne jeweils zwei Geraden der Ebenen, auf denen *FB* senkrecht steht.

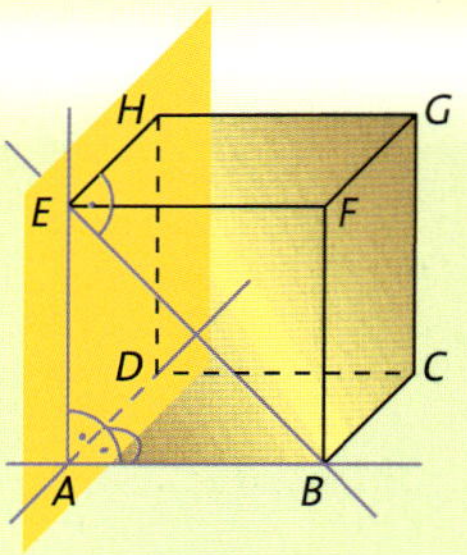

Bei der gegenseitigen Lage von zwei sich schneidenden Ebenen gibt es einen Sonderfall.

E_1 und E_2 schneiden sich so, dass es in jeder der beiden Ebenen Geraden gibt, die auf der anderen Ebene senkrecht stehen.
Beispiel: *DC* steht senkrecht auf E_1.
In diesem Fall sagt man: Die Ebenen E_1 und E_2 stehen senkrecht aufeinander.

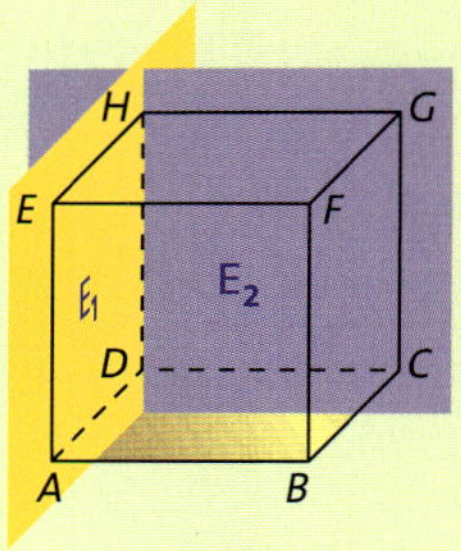

Zwei Ebenen stehen senkrecht aufeinander, wenn es in einer Ebene eine Gerade gibt, die auf der anderen Ebene senkrecht steht.

Übung 5

Die nebenstehende Figur ist das Schrägbild einer Pyramide mit quadratischer Grundfläche. Betrachte nur solche Geraden oder Ebenen, die durch die bezeichneten Punkte gehen.

a) Welche Geraden stehen senkrecht aufeinander?

b) Welche Geraden sind windschief zur Geraden *BS*?

c) Welche Geraden sind zueinander parallel?

d) Welche Ebenen stehen senkrecht aufeinander?

e) Welches ist die Schnittgerade der Ebenen *BCS* und *DCS*?

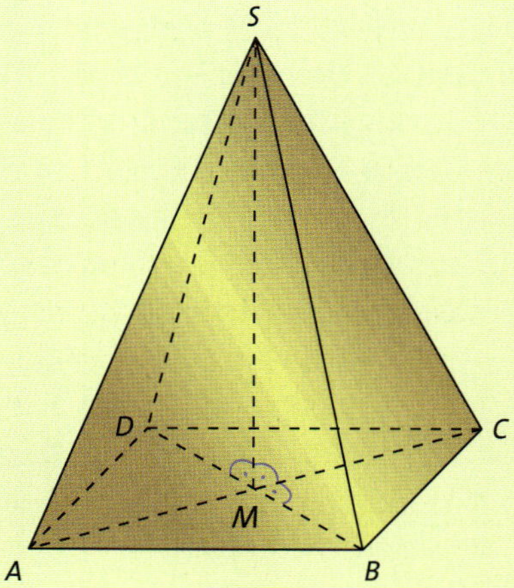

2 Schrägbild und Netze

Wir haben schon gelegentlich Schrägbilder von Körpern verwendet, ohne zu erklären, wie sie entstanden sind.
Weißt du, was eine **Projektion** ist? Ein Diaprojektor oder Filmprojektor erzeugt (projiziert) ein vergrößertes Bild auf eine Leinwand. Auch eine Schattenfigur ist eine Projektion.

Die Entstehung eines Schrägbildes kann man sich so vorstellen: Fällt auf einen Körper ein Parallellichtbündel, so entsteht auf einer dahinter liegenden Wand ein Bild des Körpers. Der Körper wird auf eine Ebene projiziert. Die Ebene *E*, auf die projiziert wird, heißt Projektionsebene. Das entstehende Bild des Körpers – das **Schrägbild** – erweckt einen räumlichen Eindruck.
Man spricht bei dieser Art von Abbildung auch von **Parallelprojektion**.

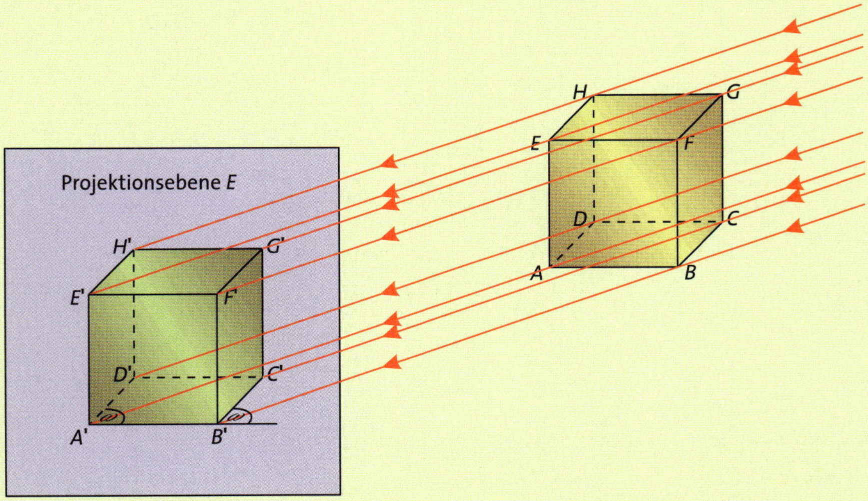

Dabei gelten folgende Gesetze:

1. Strecken, die parallel zur Projektionsebene verlaufen, werden in gleicher Richtung und Länge abgebildet.
2. Parallele Strecken werden auf parallele Strecken abgebildet.
3. Strecken, die senkrecht zur Projektionsebene verlaufen, werden im Maßstab q verkürzt und bilden mit der Waagrechten einen Winkel ω.

Häufig verwendet man $q = \frac{1}{2}$ (d. h. nach hinten führende Strecken werden auf die Hälfte verkürzt) und $\omega = 45°$ (ein Winkel, der sich auf kariertem Papier mit Hilfe der Kästchendiagonalen leicht zeichnen lässt).

Wenn nichts anderes festgelegt wird, verwende $q = \frac{1}{2}$ und $\omega = 45°$!

Beispielaufgabe

Zeichne das Schrägbild einer Dreieckssäule.

Grundfläche in wahrer Größe

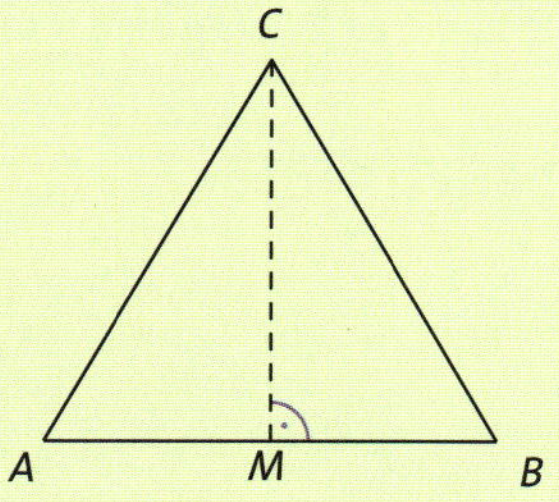

Säule

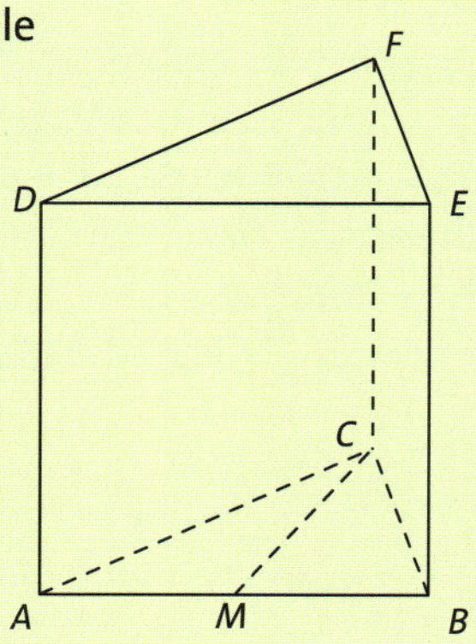

Die Kanten $\overline{AB}$ und $\overline{AD}$ wurden in wahrer Größe gezeichnet. $\overline{MC}$ wurde um die Hälfte verkürzt und mit $\omega = 45°$ angetragen.

Die nachfolgenden Übungen sollen mit $q = \frac{1}{2}$ und $\omega = 45°$ gezeichnet werden.

Übung 1

a) Zeichne ein Schrägbild eines Quaders mit den Kantenlängen $a = 6$ cm, $b = 5$ cm und $c = 4$ cm.

b) Zeichne ein Schrägbild eines Würfels mit der Kantenlänge $a = 6$ cm.

c) Zeichne in den Würfel eine Pyramide ein, deren Grundfläche mit der Grundfläche des Würfels übereinstimmt und deren Spitze der Schnittpunkt der Diagonalen der Deckfläche des Würfels ist.

Übung 2

Zeichne im Maßstab 1 : 1000 (1 cm ≙ 10 m) ein Schrägbild eines Turmes mit quadratischer Grund- und Deckfläche, dessen Grundkantenlänge 20 m und dessen Höhe 60 m beträgt.

Das Netz eines Körpers
Denkt man sich einige Kanten (nicht alle) eines Körpers aufgetrennt und faltet den Körper so auseinander, dass alle Flächen in einer Ebene liegen, so erhält man das **Netz** eines Körpers. Alle Flächen haben dabei – im Gegensatz zum Schrägbild – ihre wahre Größe.

Beispielaufgabe

Das ist das Netz der Dreieckssäule von S. 90.

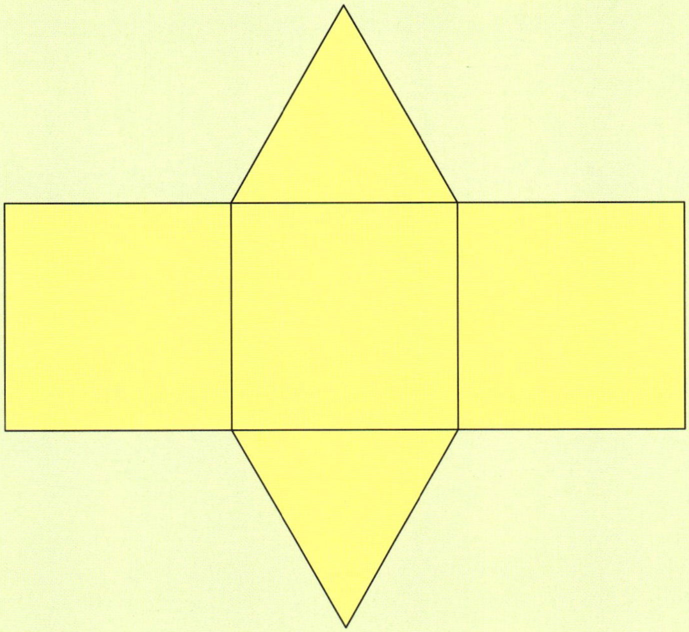

Übung 3

a) Übertrage die Figur im Maßstab 1 : 1 in dein Heft und ergänze die Figur zum Netz eines Würfels.

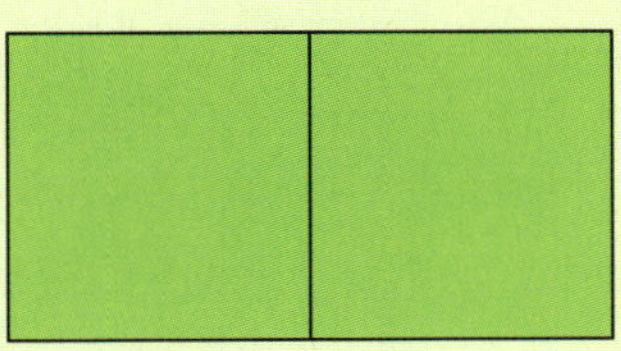

b) Übertrage die Figur im Maßstab 1 : 1 in dein Heft und ergänze die Figur zum Netz einer Dreieckspyramide, deren vier Flächen gleichseitige Dreiecke sind.

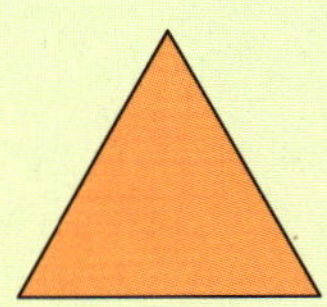

Übung 4

Die beiden Körper kannst du dir entstanden denken aus einem Würfel bzw. einem Quader. Zeichne das Netz dieser Körper.

a)

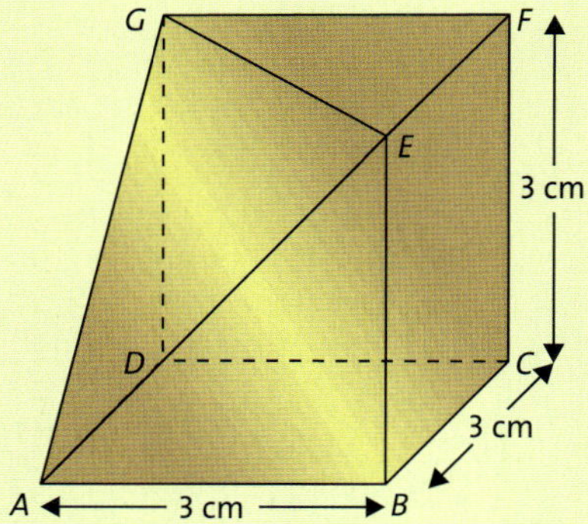

b)

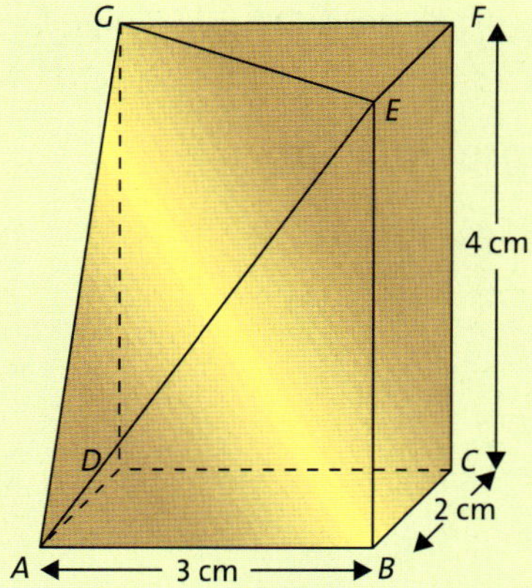

3 Das gerade Prisma

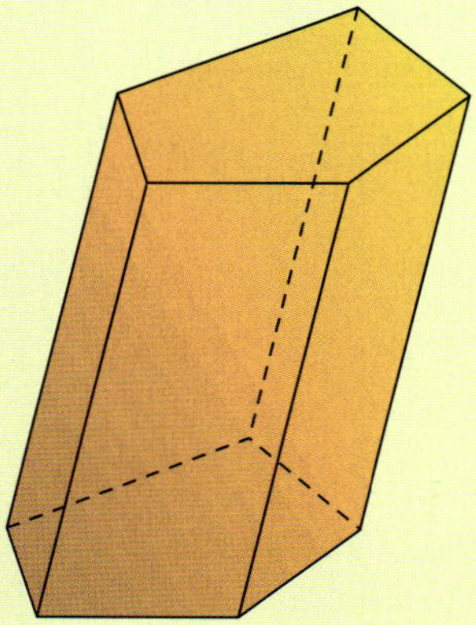

Schiefes Prisma

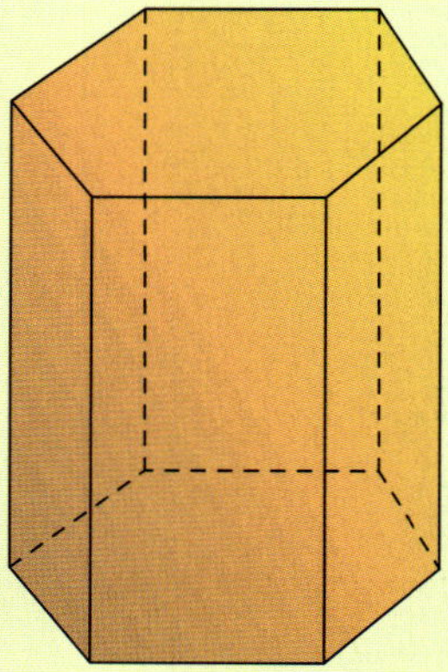

Gerades Prisma

Ein **Prisma** ist ein von ebenen Flächenstücken begrenzter Körper. Sowohl die Grund- und Deckfläche als auch alle Seitenkanten sind zueinander parallel.
Bei einem **geraden Prisma** stehen die Seitenkanten senkrecht auf der Grund- und Deckfläche. Die Seitenflächen sind Rechtecke.

Würfel und Quader sind gerade Prismen. Auch die Dreieckssäule von Seite 90 ist ein gerades Prisma.

Oberfläche

Am Beispiel eines geraden Prismas mit einer sechseckigen Grundfläche wollen wir uns eine Formel für die Oberfläche von beliebigen geraden Prismen überlegen. Das Netz des sechsseitigen Prismas besteht aus zwei deckungsgleichen Sechsecken G_6 und den sechs rechteckigen Seitenflächen *R*.

Oberfläche = 2 Sechsecke + 6 Rechtecke

$$O = 2 \cdot G_6 + 6 \cdot R.$$

Die Höhen aller Seitenflächen stimmen überein. Man kann daher alle Seitenflächen zu einem großen Rechteck zusammenfassen. Diese Fläche heißt Mantelfläche *M*.

Für die Oberfläche *O* gilt also auch:

$O = 2 \cdot G_6 + M$.

Was für ein sechsseitiges senkrechtes Prisma gilt, gilt ganz entsprechend auch für jedes *n*-seitige senkrechte Prisma:

Oberfläche = 2 *n*-Ecke + *n* Rechtecke

Oberfläche = 2 *n*-Ecke + Mantelfläche

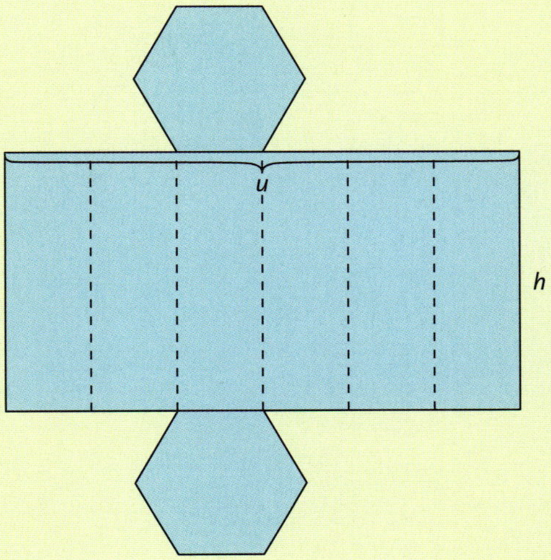

$$O = 2 \cdot G_n + M$$

Bezeichnet man mit *n* den Umfang der Grundfläche und mit *h* die Höhe des Prismas, so gilt für die Mantelfläche:

$$M = u \cdot h$$

Volumen

Jedes gerade Prisma – gleichgültig ob 3-, 4-, 5-, … oder *n*-seitig – ist volumengleich zu einem Quader gleicher Höhe *h* und gleicher Grundfläche *G*. Deshalb ist:

$$V = G \cdot h$$

Beispielaufgabe

Wir betrachten ein gerades Prisma, dessen Grundfläche ein rechtwinkliges Dreieck mit den Kathetenlängen 3 cm und 4 cm ist. Seine Höhe betrage 5 cm.

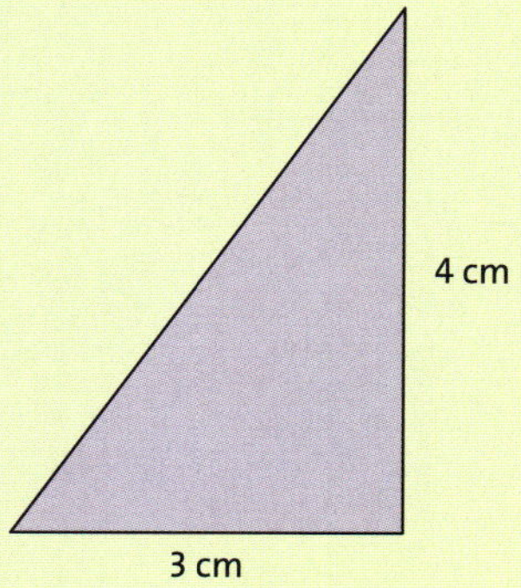

Grundfläche

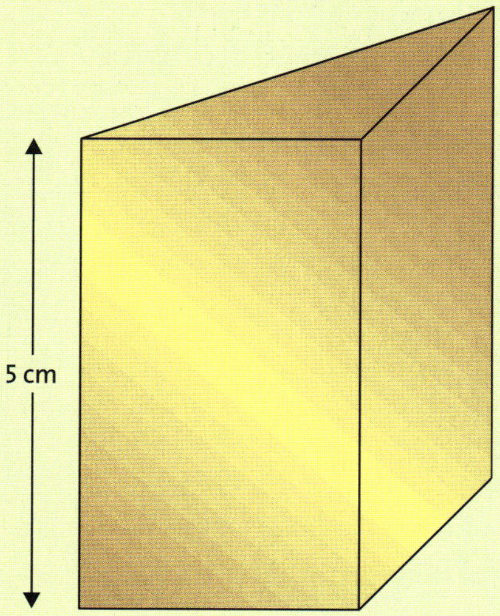

Prisma

Für die Grundfläche gilt: $G = \frac{1}{2} \cdot 3\text{ cm} \cdot 4\text{ cm} = 6\text{ cm}^2$.
Für das Volumen gilt: $V = G \cdot h = 6\text{ cm}^2 \cdot 5\text{ cm} = 30\text{ cm}^3$.

Übung 1

Vervollständige die Tabelle!

	Anzahl der Ecken	Anzahl der Kanten	Anzahl der Flächen
3-seitiges Prisma			
4-seitiges Prisma			
5-seitiges Prisma			
6-seitiges Prisma			
…			
17-seitiges Prisma			
n-seitiges Prisma			

Übung 2

Ein gerades Prisma mit der Höhe $h = 10$ cm hat als Grundfläche das nebenstehende Parallelogramm. Berechne Oberfläche und Volumen des Prismas.

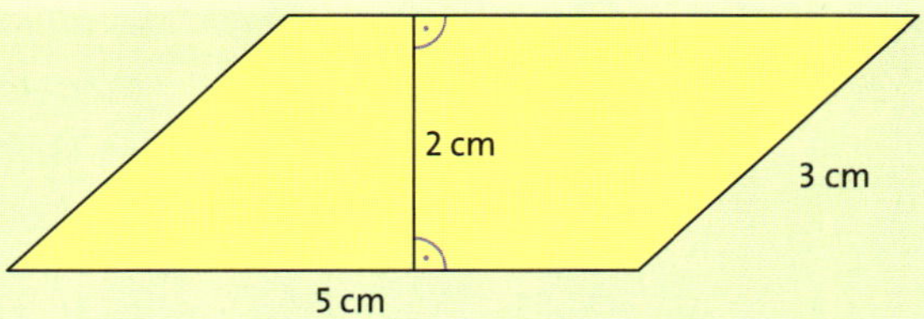

Übung 3

Ein Damm hat den gezeichneten Querschnitt. Wie viel m^3 Erde braucht man, um einen solchen Damm auf einer Länge von 50 m aufzuschütten?

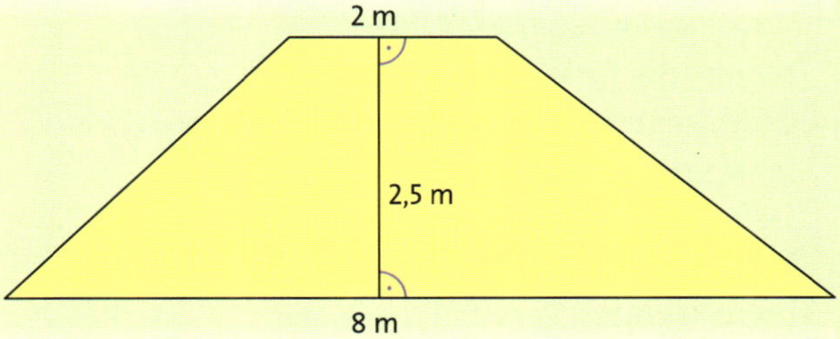

Übung 4

Die Abbildungen zeigen zwei Schwimmbecken.

Becken 1

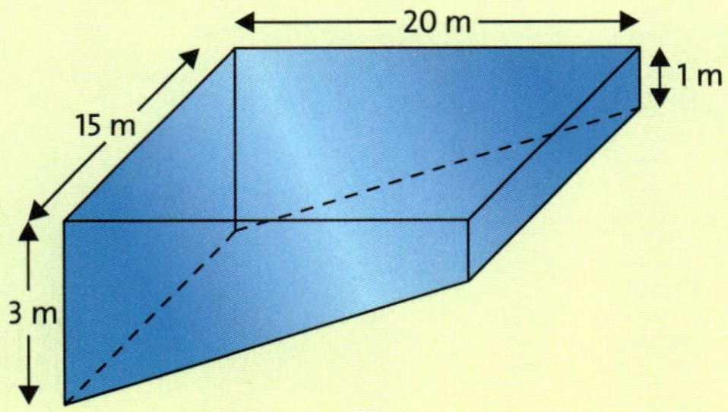

Becken 2

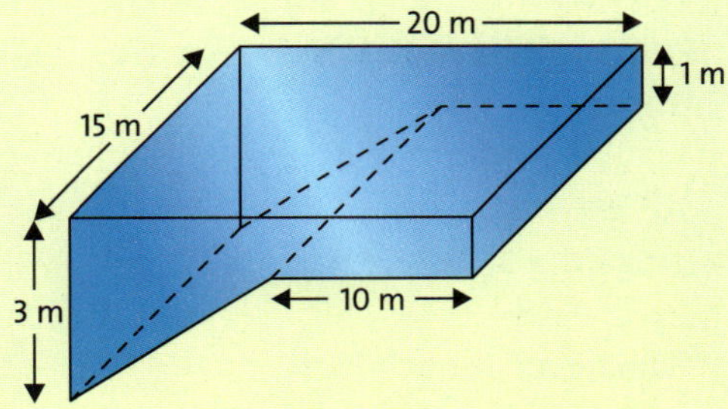

a) Wie viel Liter Wasser enthält jedes Becken, wenn es randvoll ist?

b) Wie viel Liter Wasser enthält jedes Becken, wenn es bis 10 cm unter den Rand gefüllt ist?

Übung 5

a) Welche Fläche hat die Außenwand (einschließlich Fenster und Türen) des Hauses?

b) Wie groß ist die Dachfläche?

c) Wie groß ist der Dachraum?

d) Wie groß ist das Gesamtvolumen?

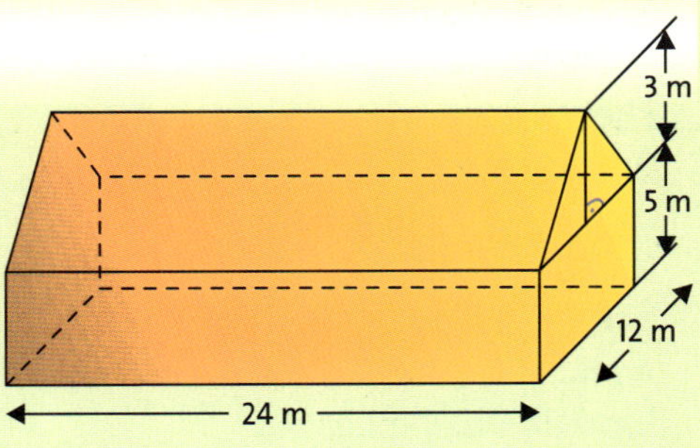

Verzeichnis der Zeichen und Abkürzungen

Bedeutung	Bezeichnung in diesem Buch	abweichende Bezeichnungen in anderen Büchern
{1; 2; 3; ...}, Menge der natürlichen Zahlen	$\mathbb{N}$	$\mathbb{N} = \{0; 1; 2; 3; \dots\}$ $\mathbb{N}^* = \{1; 2; 3; \dots\}$
{0; ± 1; ± 2; ± 3; ...}, Menge der ganzen Zahlen	$\mathbb{Z}$	
Menge der rationalen Zahlen	$\mathbb{Q}$	
Grundmenge	G	$\mathbb{G}$
Lösungsmenge	L	$\mathbb{L}$
Definitionsmenge	$\mathbb{D}$	D
Wertemenge	$\mathbb{W}$	W
Leere Menge	{ }	$\emptyset$
Betrag von *a*	$\lvert a \rvert$	
Aus *A* folgt *B*	$A \Rightarrow B$	
Hauptnenner	HN	
Schnittmenge von *A* und *B*	$A \cap B$	
Vereinigungsmenge von *A* und *B*	$A \cup B$	
Punkt mit Koordinaten	$P(2;3)$	$P(2\mid3)$
Lineare Funktion	$y = m \cdot x + n$	$y = a \cdot x + b$ $y = m \cdot x + t$
Strecke von *A* nach *B*	$\overline{AB}$	$[AB]$
Länge der Strecke *AB*	$\overline{AB}$	$\lvert AB \rvert$
Gerade *AB*	AB	
Winkel von *A* nach *B* im Gegen-Uhrzeigersinn mit Scheitel *S*	$\sphericalangle\ ASB$	
F_1 ist kongruent zu F_2	$F_1 \cong F_2$	
Dreieck	$\triangle$	
Höhe, die senkrecht auf *a* steht	h_a	
Umfang	u	
Flächeninhalt	A	
... ist senkrecht zu ...	$\perp$	
... ist parallel zu ...	$\parallel$	
Ebene	E	$\mathbb{E}$
Grundfläche	G	A_G
Mantelfläche	M	A_M
Oberfläche	O	A_O
Volumen	V	
Alpha, Beta, Gamma, Delta, Epsilon	$\alpha, \beta, \gamma, \delta, \varepsilon$	
Lambda, Phi, Omega	λ, φ, ω	